Uso eficiente del agua en el sector agrario

avanza editorial

Editado por:
EDITORIAL FAE, S.L.U.
Correo electrónico: editorial@editorialfae.com

Uso eficiente del agua en el sector agrario
Elsa Rubio Dulce

1ª Edición

ISBN: 978-84-1135-247-5

Impreso en España

Presentación

Ficha técnica del curso

El presente manual desarrolla el contenido teórico de la acción formativa "Uso eficiente del agua en el sector agrario" incluida en FUNDAE con código AGAU020PO en la familia profesional de Agraria y dentro del Área Profesional de "Agricultura".

La acción formativa cuenta con una duración de 40 horas y su contenido está estructurado en diez unidades de aprendizaje que se distribuyen según lo expuesto en el siguiente índice.

Presentación

Índice

U. A. 3. La calidad del agua para riego

Introducción

Objetivos

1. Parámetros

2. Directrices

3. Influencia de los sistemas de riego, del suelo y de los cultivos

RESUMEN

GLOSARIO

EJERCICIOS DE AUTOEVALUACIÓN

U. A. 4. Tecnologías y manejo de riegos

Introducción

Objetivos

1. Evaluación

2. Tipos de riegos

3. Estrategias en el manejo. Etc.

RESUMEN

GLOSARIO

EJERCICIOS DE AUTOEVALUACIÓN

U. A. 5. Aporte de fertilizantes y productos químicos vía riego

Introducción

Objetivos

1. Cálculo y preparación de disoluciones

2. Recomendaciones de abonado

3. Aplicación de herbicidas e insecticidas vía riego

RESUMEN

GLOSARIO

EJERCICIOS DE AUTOEVALUACIÓN

U. A. 6. Características de los regadíos

U. A. 7. El uso del agua en los cultivos: olivar, cítricos, remolacha, algodón, arroz, frutales, cereales, forrajeras, etc.

U. A. 8. El uso del agua en las zonas agrícolas: usos distintos al riego en zonas agrícolas

U. A. 9. Legislación: ley de aguas, plan hidrológico nacional, plan nacional de regadíos, etc.

U. A. 10. Ejercicios prácticos

Aplicaciones prácticas

Ejercicio de evaluación final

Solucionario

Bibliografía

U. A. 1. Introducción: conocimientos generales sobre el agua en la naturaleza

Introducción

En esta unidad inicial del curso se abordan los fundamentos del agua en la naturaleza, un recurso vital para la vida y piedra angular de todas las actividades agrícolas. El agua, más allá de ser simplemente una sustancia química, es un elemento dinámico que interactúa constantemente con el medio ambiente, los suelos y los cultivos.

Comprender su ciclo, sus propiedades y cómo se distribuye en nuestro planeta es esencial para cualquier estrategia efectiva de manejo del agua en la agricultura.

Al final de esta unidad, se tendrá una comprensión sólida de los principios básicos del agua, preparándonos para abordar temas más específicos sobre su uso y gestión en el sector agrario.

Objetivos

- Comprender el ciclo del agua, incluyendo sus etapas (evaporación, condensación, precipitación, infiltración y escurrimiento) y la importancia de cada una en el contexto agrícola.
- Identificar los componentes y propiedades del agua relevantes para su uso en la agricultura.
- Reconocer la importancia del agua en los ecosistemas naturales y agrícolas, a través de la concienciación sobre el papel del agua en la conservación de los ecosistemas naturales y su impacto en los sistemas agrícolas.

1. Introducción: conocimientos generales sobre el agua en la naturaleza

El agua en la Tierra se mueve constantemente en un ciclo conocido como el ciclo hidrológico. Este ciclo es un proceso continuo que incluye varios pasos:

- **Evaporación**: El calor del sol transforma el agua de los océanos, ríos, lagos y suelo en vapor. Las plantas también contribuyen mediante la transpiración.
- **Condensación**: El vapor de agua se eleva y se enfría en la atmósfera, formando nubes.
- **Precipitación**: El agua retorna a la Tierra en forma de lluvia, nieve, granizo o rocío.
- **Infiltración y escurrimiento**: Infiltración y escurrimiento

El agua posee propiedades únicas que son esenciales para sostener la vida:

Fig. 1. Otra parte del agua fluye sobre la superficie terrestre hacia ríos, lagos y océanos

- **Solvente universal**: El agua puede disolver una gran variedad de sustancias, lo que la hace esencial para procesos biológicos y químicos.
- **Capacidad térmica**: El agua tiene una alta capacidad para absorber y retener calor, lo que ayuda a regular las temperaturas en la Tierra.
- **Cohesión y adhesión**: Estas propiedades permiten el movimiento del agua contra la gravedad en las plantas (capilaridad) y la formación de gotas.

Algunos aspectos científicos y ecológicos del agua son los siguientes:

- **Estructura molecular del agua**: El agua (H_2O) tiene una estructura molecular única que le otorga sus propiedades. Su polaridad facilita la formación de puentes de hidrógeno, esenciales para muchas reacciones químicas en la naturaleza.

- **Ciclos biogeoquímicos**: El agua juega un papel esencial en los ciclos del carbono, nitrógeno y oxígeno, conectando los ecosistemas terrestres y acuáticos.

- **Zonas húmedas y su importancia**: Las zonas húmedas, como pantanos y manglares, son vitales para la biodiversidad, sirven como filtros naturales y actúan como barreras contra inundaciones y erosión.

Anotación

Aproximadamente el 97.5% del agua en la Tierra es salada, y el 2.5% restante es dulce. De esta agua dulce, más del 68% está congelada en glaciares y casquetes polares, y alrededor del 30% se encuentra en acuíferos subterráneos.

Por otro lado, la importancia del agua en los ecosistemas se deriva de diversos aspectos:

- **Biodiversidad**: El agua es esencial para todos los ecosistemas y es un hábitat para una diversidad de flora y fauna.
- **Agricultura**: El agua es imprescindible para el crecimiento de las plantas y la producción de alimentos.
- **Regulación del clima**: Los océanos y grandes masas de agua influyen en los patrones climáticos globales.

Fig. 2. Solo un pequeño porcentaje del agua es accesible en ríos, lagos y la atmósfera

A continuación, vemos algunos ejemplos de la importancia del agua en distintos ecosistemas:

- **El Mar Muerto y la densidad del agua**: Este cuerpo de agua es uno de los más salados del mundo, lo que resulta en una densidad tan alta que las personas pueden flotar fácilmente.

- **Cultivos en terrazas de arroz en Asia**: Un ejemplo de gestión eficiente del agua en agricultura. Estas terrazas maximizan el uso del agua en terrenos montañosos y mantienen la humedad necesaria para el arroz.

- **La Gran Barrera de Coral**: Un ecosistema marino que demuestra la importancia del agua en la conservación de la biodiversidad y su sensibilidad a los cambios en la temperatura del agua.

Por otro lado, algunos desafíos actuales son:

- **Cambio climático**: Está alterando los patrones de precipitación y disponibilidad de agua, afectando la agricultura y los ecosistemas.

- **Contaminación del agua**: Las actividades humanas están contaminando ríos, lagos y acuíferos, reduciendo la cantidad de agua dulce utilizable.

Algunos aspectos actuales a tener en cuenta son:

- **Desalinización y su potencial**: Los avances en tecnologías de desalinización están abriendo nuevas posibilidades para convertir el agua de mar en agua dulce, aunque existen desafíos en términos de coste e impacto ambiental.

- **Monitoreo satelital de aguas subterráneas**: La tecnología satelital moderna permite monitorear los niveles de agua subterránea, necesario para la gestión de la escasez de agua en regiones áridas.

- **Efectos del derretimiento de glaciares**: El cambio climático está acelerando el derretimiento de glaciares, afectando los ecosistemas de agua dulce y el suministro de agua a largo plazo.

La comprensión del agua en la naturaleza es fundamental para su gestión eficiente en la agricultura. Reconocer su ciclo, propiedades y distribución nos permite diseñar sistemas de riego sostenibles y adaptarnos a los cambios ambientales. La preservación de este recurso vital no solo es esencial para la agricultura, sino también para la sostenibilidad de todo el ecosistema planetario.

Resumen

El estudio del agua en la naturaleza y su ciclo hidrológico es fundamental para comprender su importancia en la agricultura y en los ecosistemas en general. El ciclo hidrológico describe el movimiento constante del agua a través de la atmósfera, la tierra y los océanos. Comienza con la evaporación, donde el calor del sol convierte el agua en vapor. Este vapor se eleva y se enfría en la atmósfera, condensándose en nubes. La precipitación ocurre cuando el agua regresa a la Tierra en forma de lluvia, nieve o granizo. Una vez en la tierra, parte del agua se infiltra en el suelo, recargando los acuíferos, y otra parte fluye sobre la superficie terrestre hacia ríos y océanos.

El agua tiene propiedades únicas que son vitales para la vida en la Tierra. Como solvente universal, puede disolver una gran variedad de sustancias, lo que la hace esencial para numerosos procesos biológicos y químicos. Su alta capacidad térmica permite que absorba y retenga calor, ayudando a regular las temperaturas del planeta. Además, las propiedades de cohesión y adhesión del agua son esenciales para procesos naturales como la capilaridad en las plantas.

En cuanto a la distribución del agua en la Tierra, aproximadamente el 97.5% es agua salada, encontrada principalmente en océanos, y solo el 2.5% es agua dulce. De esta pequeña fracción de agua dulce, más del 68% está congelada en glaciares y casquetes polares, y cerca del 30% se encuentra en acuíferos subterráneos. Solo un pequeño porcentaje es accesible en ríos, lagos y la atmósfera.

El agua juega un papel esencial en los ecosistemas naturales y agrícolas. Las zonas húmedas, como los pantanos y manglares, son vitales para la biodiversidad, sirven como filtros naturales y actúan como barreras contra inundaciones y erosión. Además, los océanos y grandes masas de agua tienen un impacto significativo en los patrones climáticos globales.

Sin embargo, hay desafíos actuales que enfrenta el agua en la naturaleza, como el cambio climático, que altera los patrones de precipitación y la disponibilidad de agua, afectando la agricultura y los ecosistemas. Tecnologías como la desalinización y el monitoreo satelital de aguas subterráneas están emergiendo como soluciones potenciales a estos desafíos, aunque presentan sus propios retos en términos de costo y sostenibilidad.

Glosario

Balance hídrico

Es la cuantificación de las entradas y salidas de agua en una parcela agrícola, considerando factores como la precipitación, el riego, la evapotranspiración, el escurrimiento y la percolación.

Capacidad térmica

Habilidad del agua para absorber y retener calor, lo que contribuye a la regulación de las temperaturas en la Tierra.

Ciclo hidrológico

Proceso continuo mediante el cual el agua se mueve a través de la atmósfera, la tierra y los océanos, incluyendo la evaporación, condensación y precipitación.

Condensación

Proceso donde el vapor de agua se enfría en la atmósfera formando nubes.

Desalinización

Proceso tecnológico de remover la sal del agua de mar para convertirla en agua dulce, utilizable para consumo humano y riego.

Escurrimiento

Parte del agua que fluye sobre la superficie del suelo hacia áreas más bajas sin infiltrarse, a menudo causando pérdida de agua y nutrientes.

Evaporación

Transformación del agua de estado líquido a vapor, principalmente debido al calor del sol.

Infiltración

Proceso por el cual el agua se mueve hacia el suelo y recarga los acuíferos subterráneos.

Precipitación

Retorno del agua a la Tierra desde la atmósfera en diferentes formas, como lluvia, nieve o granizo.

Solvente universal

Propiedad del agua de disolver una amplia variedad de sustancias, esencial para numerosos procesos biológicos y químicos.

Zonas húmedas

Ecosistemas acuáticos como pantanos y manglares, cruciales para la biodiversidad y como filtros naturales.

Ejercicios de autoevaluación

1. **¿Cuál es el primer paso en el ciclo hidrológico?**

    a. Condensación.

    b. Precipitación.

    c. Evaporación.

2. **¿Qué propiedad del agua le permite disolver una gran variedad de sustancias?**

    a. Capacidad térmica.

    b. Solvente universal.

    c. Cohesión.

3. **¿Qué porcentaje del agua en la Tierra es dulce?**

    a. 2.5%.

    b. 97.5%.

    c. 68%.

4. **¿Qué proceso en el ciclo del agua sigue a la condensación?**

    a. Infiltración.

    b. Precipitación.

    c. Evaporación.

5. **¿Cuál de las siguientes es una propiedad del agua que ayuda a regular las temperaturas en la Tierra?**

    a. Solvente universal.

    b. Cohesión.

    c. Capacidad térmica.

6. ¿Qué porcentaje del agua dulce de la Tierra está congelada en glaciares y casquetes polares?

   a. 30%.
   b. Más del 68%.
   c. Menos del 50%.

7. ¿Qué tipo de ecosistemas son esenciales para la biodiversidad y actúan como filtros naturales?

   a. Montañas.
   b. Océanos.
   c. Zonas húmedas.

8. ¿Qué estructura molecular hace del agua un elemento dinámico esencial en procesos biológicos y químicos?

   a. Su polaridad.
   b. Su estructura molecular única.
   c. Sus puentes de hidrógeno.

9. ¿En qué se basa la gestión eficiente del agua en las terrazas de arroz en Asia?

   a. Uso de fertilizantes.
   b. Maximización del uso del agua en terrenos montañosos.
   c. Técnicas de pesca.

10.¿Qué tecnología moderna permite monitorear los niveles de agua subterránea?

   a. Tecnología satelital.
   b. Drones.
   c. Sondeos de suelo.

U. A. 2. Uso consultivo del agua por los cultivos

Introducción

En esta unidad, se explorarán cómo los cultivos interactúan con el agua en su entorno y cómo se puede maximizar la eficiencia del agua a través de prácticas inteligentes de riego. Se comenzará examinando los balances hídricos en el suelo, esenciales para comprender cómo se mueve el agua a través del suelo y cómo es absorbida por las plantas. La determinación de las necesidades hídricas específicas de diferentes cultivos es vital para evitar tanto la escasez como el exceso de riego. Finalmente, se abordará la eficiencia de los riegos, buscando estrategias para optimizar el uso del agua, reduciendo el desperdicio y mejorando la productividad agrícola.

Objetivos

- Aprender a analizar y entender cómo el agua se distribuye y se mantiene en el suelo, identificando factores que influyen en su disponibilidad para los cultivos.
- Determinar las necesidades hídricas de los cultivos, considerando factores como el clima, la etapa de crecimiento de la planta, y las características del suelo.
- Conocer técnicas y estrategias para mejorar la eficiencia del riego. Esto incluye la selección de métodos de riego adecuados, el diseño de sistemas de riego eficientes, y la implementación de prácticas que reduzcan la pérdida de agua por evaporación, escurrimiento y percolación profunda.

1. Balances hídricos en el suelo

El balance hídrico en el suelo es un concepto fundamental en la gestión del agua en la agricultura. Se refiere al estudio y cuantificación de las entradas y salidas de agua en una parcela agrícola, lo cual es imprescindible para determinar la cantidad de agua disponible para las plantas.

Su fórmula es la siguiente:

Balance hídrico = Precipitación + Riego - Evapotranspiración - Escurrimiento - Percolación

Como entradas de agua tenemos:

- **Precipitación:** Se refiere a toda el agua que cae sobre el suelo en forma de lluvia, nieve o granizo.

- **Riego**: Aporte adicional de agua realizada por el agricultor para satisfacer las necesidades hídricas del cultivo.

Fig. 1. La precipitación es una fuente variable y depende de factores climáticos

Por su parte, las salidas de agua son:

- **Evapotranspiración**: Es la suma de la evaporación del suelo y la transpiración de las plantas.

- **Escurrimiento**: Parte del agua que fluye sobre la superficie del suelo hacia áreas más bajas, sin infiltrarse.
- **Percolación**: Agua que se infiltra en el suelo y se mueve hacia abajo, más allá de la zona de las raíces, llegando a capas más profundas o al manto freático.

Fig. 2. La transpiración es el proceso por el cual el agua es absorbida por las raíces y liberada a la atmósfera a través de las hojas

Algunos factores que afectan el balance hídrico son:

- **Tipo de suelo**: La textura y estructura del suelo afectan su capacidad para retener agua y permitir la percolación.
- **Clima**: Las condiciones climáticas, como la temperatura y la humedad, influyen en la tasa de evapotranspiración.
- **Prácticas de manejo del suelo**: La labranza, el *mulching* y otras prácticas pueden modificar la retención de agua y la infiltración.
- **Tipo de cultivo**: Diferentes cultivos tienen diferentes tasas de transpiración y necesidades de agua.

Para medir el balance hídrico, se utilizan herramientas como:

- **Estaciones meteorológicas**: Para medir la precipitación y otros datos climáticos.
- **Tensiómetros o sensores de humedad del suelo**: Para evaluar la cantidad de agua disponible en el suelo.

- **Modelos de simulación**: Que integran datos climáticos, características del suelo y del cultivo para estimar la evapotranspiración y otras variables.

Mantener un balance hídrico adecuado es esencial para:

- **Optimizar el uso del agua**: Evitar el exceso o déficit de riego.
- **Mejorar la salud del cultivo**: Garantizar que las plantas tengan la cantidad de agua necesaria para su desarrollo óptimo.
- **Sostenibilidad ambiental**: Reducir la degradación del suelo y la contaminación del agua.

El conocimiento y la gestión efectiva del balance hídrico en el suelo son esenciales para lograr una agricultura productiva y sostenible, maximizando los beneficios del agua disponible y minimizando los impactos negativos sobre el medio ambiente.

2. Determinación de necesidades de los cultivos

La determinación precisa de las necesidades hídricas de los cultivos es imprescindible para una gestión eficiente del agua en la agricultura.

Fig. 3. Este proceso implica evaluar cuánta agua requiere un cultivo para crecer de manera óptima, tomando en cuenta diversos factores ambientales y biológicos

Algunos factores que afectan las necesidades hídricas son:

- **Tipo de cultivo**: Cada especie y variedad de planta tiene requerimientos hídricos únicos, determinados por su fisiología y ciclo de vida.
- **Etapa de desarrollo del cultivo**: Las necesidades de agua varían significativamente durante las diferentes etapas de crecimiento del cultivo (germinación, crecimiento vegetativo, floración, fructificación).
- **Condiciones climáticas**: La temperatura, la humedad, la velocidad del viento y la radiación solar influyen en la tasa de evapotranspiración.
- **Etapa de desarrollo del cultivo**: Las necesidades de agua varían significativamente durante las diferentes etapas de crecimiento del cultivo (germinación, crecimiento vegetativo, floración, fructificación).

Por su parte, con respecto a los métodos de determinación diferenciamos:

- **Evapotranspiración potencial (ETp)**: Es la cantidad de agua que se evaporaría y transpiraría si hubiera una cantidad ilimitada de agua disponible. Se mide utilizando datos meteorológicos y ecuaciones como la de Penman-Monteith.
- **Evapotranspiración del cultivo (ETc)**: Es la cantidad real de agua transpirada por un cultivo y evaporada del suelo circundante. Se estima ajustando la ETp con un coeficiente de cultivo (Kc) que varía según el tipo de cultivo y su etapa de desarrollo.
- **Balances hídricos en el suelo**: Involucra medir la humedad del suelo para determinar cuánta agua es necesaria para mantener el suelo en su capacidad óptima de agua para el cultivo.
- **Modelos de simulación de cultivos**: Utilizan datos de suelo, clima y cultivo para predecir las necesidades hídricas.

Algunas prácticas para una gestión eficiente son las siguientes:

- **Programación de riegos**: Basar la frecuencia y cantidad de riego en las necesidades estimadas del cultivo y las condiciones del suelo.

- **Monitoreo del estado del cultivo**: Observar los signos de estrés hídrico en las plantas, como marchitamiento o cambios en el color de las hojas.
- **Tecnologías de riego de precisión**: Utilizar sistemas como riego por goteo o aspersión controlada para aplicar agua de manera eficiente y directamente a las raíces.

Una correcta determinación de las necesidades hídricas de los cultivos permite:

- **Maximizar la producción agrícola**: Asegurando que las plantas reciban la cantidad de agua necesaria para su desarrollo óptimo.
- **Conservar recursos hídricos**: Evitando el riego excesivo y el desperdicio de agua.
- **Proteger el medio ambiente**: Reduciendo la escorrentía y la lixiviación de nutrientes y contaminantes.

La determinación de las necesidades hídricas de los cultivos es un paso esencial en la gestión eficiente del agua en la agricultura, asegurando la sostenibilidad de los recursos y la salud de los ecosistemas.

3. Eficiencia de los riegos

La eficiencia de los riegos es un aspecto crítico en la gestión sostenible del agua en el sector agrícola. Se refiere a la efectividad con la que el agua de riego es utilizada por los cultivos, minimizando las pérdidas por factores no productivos.

Fig. 4. La eficiencia de riego no solo implica aplicar la cantidad correcta de agua, sino también asegurar que esta agua sea utilizada de manera óptima por las plantas

Algunos conceptos clave son:

- **Eficiencia de aplicación**: Es la proporción del agua de riego que realmente llega a la zona radicular del cultivo, en comparación con la cantidad total aplicada.
- **Eficiencia de uso**: Se refiere a la cantidad de agua utilizada efectivamente por el cultivo para su crecimiento, en relación con el agua que llega a la zona radicular.

Por otro lado, los factores que afectan la eficiencia de los riegos son los siguientes:

- **Método de riego**: Sistemas como el riego por goteo, aspersión, o gravedad tienen diferentes eficiencias y adecuaciones según el tipo de cultivo y las condiciones del suelo.
- **Diseño y mantenimiento del sistema de riego**: Un diseño inadecuado o un mantenimiento deficiente pueden llevar a una distribución irregular del agua y mayores pérdidas.
- **Manejo del riego**: La frecuencia y el volumen de riego, basados en las necesidades reales del cultivo y las condiciones del suelo.
- **Condiciones del suelo**: La textura, la estructura y la capacidad de retención de agua del suelo influyen en la infiltración y el almacenamiento del agua.

Algunos aspectos que mejoran la eficiencia de riego son:

- **Selección del método de riego adecuado**: Elegir un sistema de riego que se adapte mejor a las necesidades del cultivo, las características del suelo y las condiciones climáticas.
- **Automatización y control del riego**: Utilizar tecnologías como sensores de humedad del suelo y sistemas automatizados para optimizar la aplicación de agua.
- **Manejo del suelo**: Prácticas como la labranza conservacionista, el uso de *mulch* o coberturas vegetales, y la adecuada preparación del terreno pueden mejorar la infiltración y retención de agua.
- **Capacitación y educación**: Formar a los agricultores en prácticas de riego eficientes y en el uso de tecnologías modernas.

Algunos aspectos importantes a tener en cuenta son:

- **Conservación del agua**: Una mayor eficiencia de riego conduce a una reducción en el uso de agua, necesaria en zonas de escasez hídrica.
- **Productividad agrícola**: El uso eficiente del agua mejora la salud y el rendimiento de los cultivos.
- **Protección ambiental**: Reduce el escurrimiento y la lixiviación de nutrientes, minimizando el impacto ambiental de la agricultura.

La eficiencia de los riegos es fundamental para asegurar un uso sostenible del agua en la agricultura, permitiendo la producción de alimentos de manera más respetuosa con el medio ambiente y económicamente viable.

U. A. 2. Uso consultivo del agua por los cultivos

Resumen

El balance hídrico en el suelo es la cuantificación de las entradas (precipitación y riego) y salidas (evapotranspiración, escurrimiento, percolación) de agua en una parcela agrícola. Este balance es esencial para entender la dinámica del agua en el suelo y su disponibilidad para los cultivos.

La evapotranspiración, que combina la evaporación del suelo y la transpiración de las plantas, es un factor crítico en este balance. Las condiciones climáticas, como la temperatura y la humedad, y las características del suelo, como su textura y capacidad de retención de agua, influyen significativamente en la evapotranspiración.

Otro componente esencial es la determinación de las necesidades hídricas de los cultivos. Cada cultivo tiene requerimientos específicos de agua que varían según su tipo, etapa de desarrollo y condiciones ambientales. La Evapotranspiración del Cultivo (ETc), ajustada por el coeficiente de cultivo (Kc), es una medida clave para entender estas necesidades. Herramientas como estaciones meteorológicas y sensores de humedad del suelo son fundamentales para medir y gestionar estas necesidades.

Finalmente, la eficiencia de los riegos se centra en maximizar la cantidad de agua que efectivamente es utilizada por las plantas. Esto implica una cuidadosa selección y manejo del método de riego, un diseño adecuado del sistema de riego y prácticas de manejo del suelo que mejoren la infiltración y retención de agua. La eficiencia de riego no solo asegura un uso sostenible del agua, sino que también mejora la salud del cultivo y la productividad agrícola.

U. A. 2. Uso consultivo del agua por los cultivos

Glosario

Coeficiente de cultivo (Kc)

Factor utilizado en la estimación de la Evapotranspiración del Cultivo (ETc) que ajusta la Evapotranspiración Potencial (ETp) según el tipo de cultivo y su etapa de desarrollo.

Eficiencia de riego

Medida de la efectividad con la que el agua de riego es utilizada por los cultivos, maximizando la cantidad de agua que llega y es utilizada por la zona radicular, y minimizando las pérdidas por evaporación, escurrimiento y percolación.

Evapotranspiración

Proceso combinado de evaporación del agua desde el suelo y transpiración de las plantas, liberando agua a la atmósfera.

Evapotranspiración potencial (ETp)

Cantidad de agua que se evaporaría y transpiraría si hubiera una cantidad ilimitada de agua disponible, medida utilizando datos meteorológicos y ecuaciones específicas.

Percolación

Movimiento del agua a través del suelo, donde se infiltra y se mueve hacia capas más profundas, alcanzando a veces el manto freático.

Precipitación

Agua que cae sobre el suelo en forma de lluvia, nieve o granizo. Es una fuente variable de agua para el suelo y depende de factores climáticos.

Riego por goteo

Sistema de riego que suministra agua directamente a la zona radicular de las plantas a través de goteros, minimizando la pérdida de agua por evaporación y escurrimiento.

Ejercicios de autoevaluación

1. ¿Qué representa la fórmula del balance hídrico en el suelo?

   a. Precipitación + Riego + Evapotranspiración + Escurrimiento + Percolación.

   b. Precipitación - Riego + Evapotranspiración + Escurrimiento - Percolación.

   c. Precipitación + Riego - Evapotranspiración - Escurrimiento - Percolación.

2. ¿Cuál es una fuente de entrada de agua en el balance hídrico del suelo?

   a. Evapotranspiración.

   b. Precipitación.

   c. Percolación.

3. ¿Qué factor NO influye en la eficiencia de los riegos?

   a. Método de riego.

   b. Diseño y mantenimiento del sistema de riego.

   c. Tipo de fertilizante utilizado.

4. ¿Qué método se usa para medir la evapotranspiración potencial (ETp)?

   a. Balances hídricos en el suelo.

   b. Ecuaciones como la de Penman-Monteith.

   c. Tensiómetros.

5. ¿Qué representa el coeficiente de cultivo (Kc) en la estimación de la ETc?

   a. La eficiencia de uso del agua por el cultivo.

   b. La cantidad de agua aplicada en el riego.

   c. El ajuste de la ETp según el tipo de cultivo y su etapa de desarrollo.

6. ¿Cuál es una práctica para mejorar la eficiencia de riego?

   a. Selección del método de riego adecuado.

   b. Aumento de la frecuencia de riego.

   c. Reducción del monitoreo del estado del cultivo.

7. ¿Qué indica la eficiencia de aplicación en el riego?

   a. La cantidad total de agua aplicada.

   b. La proporción del agua de riego que llega a la zona radicular del cultivo.

   c. La cantidad de agua perdida por evaporación.

8. ¿Qué NO es un factor que afecta las necesidades hídricas de los cultivos?

   a. Tipo de cultivo.

   b. Tamaño de la parcela agrícola.

   c. Condiciones climáticas.

9. ¿Qué sucede cuando el riego es excesivo?

   a. Se produce desperdicio de agua.

   b. Aumenta la eficiencia de uso del agua.

   c. Mejora la salud del cultivo.

10.¿Cuál es un beneficio de una correcta determinación de las necesidades hídricas de los cultivos?

a. Aumento del uso de fertilizantes.

b. Maximizar la producción agrícola.

c. Disminución de la transpiración de las plantas.

U. A. 2. Uso consultivo del agua por los cultivos

U. A. 3. La calidad del agua para el riego

Introducción

La calidad del agua es un factor imprescindible en la agricultura, especialmente en las prácticas de riego. El agua de riego no solo afecta la salud y el crecimiento de los cultivos, sino también la sostenibilidad del suelo y del ecosistema agrícola. Esta unidad se enfoca en comprender los parámetros fundamentales que determinan la calidad del agua, las directrices para su uso efectivo y cómo influyen los sistemas de riego, el tipo de suelo y las características de los cultivos en la utilización del agua. Se explorará cómo la calidad del agua puede impactar directamente en la eficiencia del riego y, por ende, en la productividad agrícola.

Objetivos

- Comprender los parámetros clave de la calidad del agua para riego, como la salinidad, pH, contenido de nutrientes y presencia de contaminantes.
- Conocer las directrices nacionales e internacionales sobre la calidad del agua de riego.
- Evaluar la influencia de los sistemas de riego, el suelo y los cultivos en la calidad del agua, es decir, cómo diferentes sistemas de riego (como el riego por goteo, aspersión, etc.), tipos de suelos y variedades de cultivos pueden afectar o ser afectados por la calidad del agua.

1. Parámetros

Los parámetros de la calidad del agua para riego son indicadores que nos ayudan a evaluar la idoneidad del agua para su uso en la agricultura.

Estos parámetros son esenciales, ya que el agua con características inadecuadas puede afectar negativamente la salud del suelo, los cultivos y, por ende, la productividad agrícola.

Algunos de los parámetros más importantes son:

Salinidad (conductividad eléctrica - CE): La salinidad del agua se mide a través de la conductividad eléctrica y se expresa en *decisiemens* por metro (dS/m). Altos niveles de salinidad pueden causar estrés osmótico en las plantas, limitando su capacidad de absorber agua y nutrientes.

- **PH**: El pH del agua de riego afecta la disponibilidad de nutrientes en el suelo y la actividad microbiana.

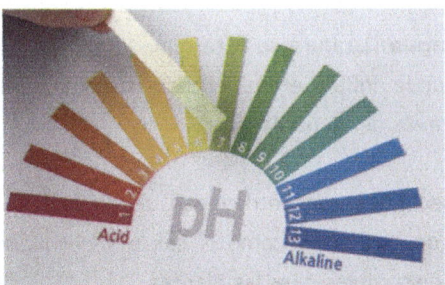

Fig. 1. Un pH extremadamente alto o bajo puede hacer que ciertos nutrientes sean insolubles o tóxicos para las plantas

- **Sodio (RAS o SAR)**: El índice de adsorción de sodio (SAR) indica la concentración de sodio en comparación con el calcio y el magnesio en el agua. Un alto nivel de sodio puede llevar a la degradación de la estructura del suelo, afectando su capacidad de retención de agua y aire.

- **Contenido de nutrientes (nitrógeno, fósforo, potasio)**: Los nutrientes son esenciales para el crecimiento de las plantas. Sin embargo, su exceso o deficiencia en el agua puede desequilibrar la nutrición de las plantas y contaminar fuentes de agua cercanas.

- **Presencia de contaminantes (metales pesados, pesticidas)**: Los contaminantes como metales pesados y residuos de pesticidas pueden ser tóxicos para las plantas y el suelo.

Fig. 2. Los contaminantes pueden acumularse en los cultivos, presentando riesgos para la salud humana y animal

- **Dureza del agua**: La dureza, determinada por las concentraciones de calcio y magnesio, puede influir en la eficacia de los herbicidas y otros químicos aplicados a través del agua de riego.

- **Bicarbonatos**: Altas concentraciones de bicarbonatos pueden conducir a la precipitación de nutrientes como el calcio y el magnesio, haciendo que estos estén menos disponibles para las plantas.

- **Cloruros**: En concentraciones elevadas, los cloruros pueden ser tóxicos para algunas plantas, provocando quemaduras en los bordes de las hojas y reducción del crecimiento.

 **Importante**

Para evaluar estos parámetros, es esencial realizar análisis periódicos del agua de riego. Estos análisis ayudan a identificar posibles problemas y a tomar decisiones informadas sobre la selección de cultivos, la gestión de riegos y las estrategias de tratamiento del agua.

La gestión de la calidad del agua de riego implica tanto la elección de fuentes de agua adecuadas como la implementación de prácticas agrícolas que minimicen el impacto negativo de una calidad de agua no óptima. Esto incluye el ajuste de los tiempos y cantidades de riego, el uso de enmiendas del suelo para contrarrestar los efectos adversos y la selección de cultivos tolerantes a ciertas condiciones del agua.

Entender y manejar adecuadamente los parámetros de la calidad del agua es fundamental para asegurar un uso eficiente del agua en la agricultura, proteger el medio ambiente y sostener la producción agrícola.

2. Directrices

Las directrices para la calidad del agua de riego son conjuntos de normas y recomendaciones diseñadas para garantizar el uso seguro y eficiente del agua en la agricultura.

Las directrices principales son las siguientes:

- **Directrices de la FAO**. La Organización de las Naciones Unidas para la Alimentación y la Agricultura (FAO) ha establecido criterios para la calidad del agua de riego. Estos incluyen límites para la salinidad, el sodio, y los contaminantes específicos. Estas directrices se utilizan ampliamente a nivel mundial como un punto de referencia.

- **Normativas locales y nacionales**. Muchos países tienen sus propias regulaciones sobre la calidad del agua de riego, que pueden ser más estrictas o específicas según las condiciones locales y los tipos de cultivos predominantes. Es esencial conocer y cumplir con estas normativas para evitar sanciones y asegurar prácticas sostenibles.

- **Estándares de calidad ambiental**. Además de las directrices específicas para la agricultura, las normas de calidad ambiental del agua deben ser observadas para prevenir la contaminación y proteger los ecosistemas acuáticos y terrestres.

- **Recomendaciones de organismos internacionales de salud**. Organizaciones como la Organización Mundial de la Salud (OMS) ofrecen directrices sobre contaminantes específicos que pueden afectar la salud humana y animal, especialmente cuando los cultivos irrigados son para consumo directo.

Anotación

Estas directrices ayudan a los agricultores y gestores de recursos hídricos a tomar decisiones informadas sobre la selección y el manejo del agua de riego, optimizando así la producción y protegiendo el medio ambiente.

Con respecto a la aplicación de las directrices se debe considerar:

- **Evaluación y monitoreo regular**: Realizar análisis periódicos del agua de riego para asegurar que cumple con las directrices establecidas.

Fig. 3. La evaluación incluye pruebas de laboratorio para medir la salinidad, pH, nutrientes, y la presencia de contaminantes

- **Selección de fuentes de agua alternativas**: En casos donde la calidad del agua no cumple con las directrices, se deben considerar fuentes alternativas o métodos de tratamiento del agua.

- **Manejo integrado de recursos hídricos**: Implementar estrategias que integren la gestión del agua de riego con prácticas agrícolas sostenibles, como la rotación de cultivos, la agricultura de conservación y el uso eficiente del agua.

- **Educación y capacitación**: Ofrecer formación a agricultores y gestores de recursos hídricos sobre la importancia de la calidad del agua y cómo aplicar las directrices en sus operaciones diarias.

Anotación

Adherirse a las directrices para la calidad del agua de riego es esencial para el desarrollo sostenible de la agricultura. Al seguir estas recomendaciones, los agricultores no solo mejoran la calidad y cantidad de sus cosechas, sino que también contribuyen a la protección del medio ambiente y la salud pública.

3. Influencia de los sistemas de riego, del suelo y de los cultivos

La interacción entre los sistemas de riego, el suelo y los cultivos juega un papel esencial en la eficacia del uso del agua de riego y en la sostenibilidad de las prácticas agrícolas. Entender cómo estos factores se influencian mutuamente es esencial para maximizar la eficiencia del riego y minimizar los impactos negativos en la calidad del agua y el medio ambiente.

Los sistemas de riego varían desde métodos tradicionales (como inundación y surcos) hasta sistemas modernos y eficientes (como riego por goteo y aspersión).

Los sistemas modernos, como el riego por goteo, son más eficientes en la entrega de agua directamente a la zona radicular, reduciendo la evaporación, el escurrimiento y la lixiviación de nutrientes.

Fig. 4. Cada sistema tiene diferentes efectos en el uso y la calidad del agua

Por otro lado, los sistemas ineficientes pueden aumentar la salinidad y la acumulación de contaminantes en el suelo por excesivo riego o escurrimiento superficial, afectando negativamente la calidad del agua en la fuente y en el suelo.

Con respecto al suelo consideramos:

- **Textura y estructura del suelo**: La capacidad del suelo para retener agua y nutrientes varía según su textura y estructura.
- **Capacidad de Intercambio Catiónico (CIC)**: La CIC del suelo afecta su habilidad para retener nutrientes y moderar la disponibilidad de estos para los cultivos.
- **Reacciones del suelo a los contaminantes**: Algunos suelos pueden filtrar y degradar contaminantes más eficazmente que otros, lo que influye en la acumulación de sustancias nocivas en el suelo y las aguas subterráneas.

Fig. 5. Suelos arenosos drenan rápidamente, mientras que los arcillosos retienen más agua

- **Capacidad de Intercambio Catiónico (CIC)**: La CIC del suelo afecta su habilidad para retener nutrientes y moderar la disponibilidad de estos para los cultivos.
- **Reacciones del suelo a los contaminantes**: Algunos suelos pueden filtrar y degradar contaminantes más eficazmente que otros, lo que influye en la acumulación de sustancias nocivas en el suelo y las aguas subterráneas.

Por otro lado, con relación a los cultivos, se deben considerar aspectos como:

- **Tolerancia de los cultivos a la calidad del agua**: Diferentes cultivos tienen distintos niveles de tolerancia a factores como la salinidad, sodio y otros contaminantes en el agua de riego.

- **Exigencias de agua de los cultivos**: La cantidad y frecuencia del riego varían según el tipo de cultivo, su etapa de crecimiento y las condiciones climáticas, lo que a su vez influye en cómo el agua interactúa con el suelo y los cultivos.

- **Absorción y acumulación de contaminantes**: Algunos cultivos pueden absorber y acumular ciertos contaminantes presentes en el agua de riego, lo que puede afectar la seguridad alimentaria y la calidad del producto.

La comprensión detallada de cómo los sistemas de riego, el suelo y los cultivos influyen en la calidad del agua de riego es fundamental para una gestión eficiente del agua en la agricultura. Optimizar estos factores puede conducir a una mayor eficiencia en el uso del agua, mejor salud y productividad de los cultivos, y una menor incidencia de problemas ambientales relacionados con la calidad del agua.

U. A. 3. La calidad del agua para el riego

Resumen

Esta unidad se centra en la comprensión y gestión de la calidad del agua para riego, un aspecto imprescindible en la agricultura. La adecuada evaluación y manejo de la calidad del agua son esenciales para garantizar la salud de los cultivos, la sostenibilidad del suelo y la eficiencia en el uso del agua.

El apartado sobre los parámetros de la calidad del agua destaca la importancia de varios indicadores claves como la salinidad, medida por la conductividad eléctrica (CE), y el pH del agua, que afecta la disponibilidad de nutrientes y la actividad microbiana en el suelo. El Índice de Adsorción de Sodio (SAR) es otro parámetro vital, indicando la concentración de sodio en comparación con el calcio y el magnesio, lo cual es crítico dado que altos niveles de sodio pueden dañar la estructura del suelo. Además, se deben considerar los niveles de nutrientes como nitrógeno, fósforo y potasio, y la presencia de contaminantes como metales pesados y residuos de pesticidas, que pueden ser tóxicos para las plantas y el suelo.

Las directrices para la calidad del agua de riego, como las establecidas por la FAO y las normativas locales y nacionales, son fundamentales para orientar la práctica agrícola. Estas directrices ayudan a los agricultores a tomar decisiones informadas sobre la gestión del agua, asegurando que se cumplan los estándares de calidad ambiental y las recomendaciones de salud pública. La evaluación y el monitoreo regular del agua de riego son acciones clave para cumplir con estas directrices.

La interacción entre los sistemas de riego, el suelo y los cultivos también tiene un impacto significativo en la calidad del agua para riego. Los sistemas de riego varían en eficiencia; por ejemplo, el riego por goteo es más eficiente que métodos tradicionales como la inundación o el riego por surcos. La textura y estructura del suelo, junto con su capacidad de intercambio catiónico (CIC), determinan cómo el suelo retiene y filtra el agua y los nutrientes. Además, la tolerancia de los cultivos a la calidad del agua y sus exigencias específicas de riego deben ser consideradas para optimizar el uso del agua y evitar el estrés hídrico de las plantas.

En resumen, una gestión eficaz y consciente de la calidad del agua de riego es esencial para la agricultura sostenible. Entender y aplicar correctamente los parámetros de calidad, adherirse a las directrices relevantes y considerar la interacción entre los sistemas de riego, el suelo y los cultivos son pasos cruciales para garantizar la eficiencia en el uso del agua, la salud de los cultivos y la protección del medio ambiente.

Glosario

Bicarbonatos

Iones presentes en el agua que pueden afectar la disponibilidad de ciertos nutrientes para las plantas y alterar el pH del suelo.

Cloruros

Iones que, en altas concentraciones, pueden ser tóxicos para las plantas, causando quemaduras en las hojas y reducción del crecimiento.

Conductividad Eléctrica (CE)

Un indicador de la salinidad del agua, que mide su capacidad para conducir electricidad, la cual aumenta con la concentración de sales.

Contaminantes

Sustancias indeseables en el agua, como metales pesados y pesticidas, que pueden ser perjudiciales para los cultivos, el suelo y la salud humana.

Dureza del agua

Medida de la concentración de minerales, principalmente calcio y magnesio. Afecta la eficacia de los herbicidas y puede influir en la estructura del suelo.

Índice de Adsorción de Sodio (SAR)

Parámetro que mide la concentración de sodio en el agua en relación con el calcio y el magnesio. Es importante para evaluar el potencial de degradación del suelo.

Nutrientes

Elementos químicos como nitrógeno, fósforo y potasio, esenciales para el crecimiento de las plantas. Su concentración en el agua de riego debe ser balanceada para evitar deficiencias o toxicidad.

PH

Indica la acidez o alcalinidad del agua. Un pH extremadamente alto o bajo puede alterar la disponibilidad de nutrientes en el suelo y afectar la salud de las plantas.

Riego por goteo

Sistema de riego eficiente que suministra agua directamente a la zona radicular de las plantas, minimizando la evaporación y el escurrimiento, y permitiendo un uso más eficiente del agua.

Salinidad

Medida de la cantidad total de sales solubles presentes en el agua o en el suelo. Afecta la capacidad de las plantas para absorber agua y nutrientes.

Ejercicios de autoevaluación

1. **¿Cuál es un indicador clave para medir la salinidad del agua de riego?**

   a. PH.

   b. RAS.

   c. Conductividad Eléctrica (CE).

2. **¿Qué pH extremo en el agua de riego puede afectar la disponibilidad de nutrientes paralas plantas?**

   a. Neutro.

   b. Extremadamente alto o bajo.

   c. Ligeramente ácido.

3. **¿Qué indica el índice de adsorción de sodio (SAR) en el agua de riego?**

   a. La concentración de nutrientes.

   b. La concentración de sodio en comparación con el calcio y el magnesio.

   c. La presencia de metales pesados.

4. **¿Cuál de los siguientes es un contaminante que se debe evaluar en el agua de riego?**

   a. Oxígeno.

   b. Nitrógeno.

   c. Metales pesados.

5. **¿Qué organización ha establecido criterios internacionales ampliamente utilizados para la calidad del agua de riego?**

   a. OMS.
   b. FAO.
   c. UNESCO.

6. **¿Qué aspecto del agua de riego es crucial para prevenir la contaminación y proteger los ecosistemas?**

   a. Color.
   b. Estándares de calidad ambiental.
   c. Temperatura.

7. **¿Cuál es una acción importante para la aplicación de las directrices de calidad del agua de riego?**

   a. Uso exclusivo de agua de lluvia.
   b. Evaluación y monitoreo regular.
   c. Uso de fertilizantes orgánicos.

8. **¿Qué sistema de riego es más eficiente en la entrega de agua directamente a la zona radicular?**

   a. Riego por goteo.
   b. Inundación.
   c. Riego por surcos.

9. **¿Cómo afectan los suelos arcillosos al agua de riego?**

   a. Retienen más agua.
   b. Drenan rápidamente.
   c. Filtran mejor los contaminantes.

10.¿Qué factor del suelo afecta su habilidad para retener nutrientes?

    a. Capacidad de Intercambio Catiónico (CIC).

    b. Color del suelo.

    c. Humedad del suelo.

U. A. 3. La calidad del agua para el riego

U. A. 4. Tecnología y manejo de riegos

Introducción

La gestión eficiente del agua en la agricultura es necesaria para garantizar la sostenibilidad de los recursos hídricos y la productividad de los cultivos. En esta unidad, se explorarán las diversas tecnologías y estrategias de manejo de riego que pueden optimizar el uso del agua en la agricultura. Se abordará desde la evaluación de los sistemas de riego existentes hasta la implementación de nuevos tipos de riego, pasando por la adopción de estrategias de manejo innovadoras.

Este enfoque se centrará en cómo estas tecnologías y métodos pueden ser aplicados de manera práctica en el campo para mejorar la eficiencia del uso del agua, minimizar el desperdicio y aumentar la rentabilidad y sostenibilidad de las prácticas agrícolas.

Objetivos

- Aprender a evaluar críticamente los sistemas de riego existentes, identificando áreas de mejora y posibilidades de optimización.
- Conocer y diferenciar los tipos de riego, analizando las ventajas y desventajas de cada sistema de riego, como el riego por goteo, aspersión, inundación, y riego subterráneo.
- Identificar habilidades para desarrollar estrategias de manejo de riego eficientes que maximicen la eficiencia del agua y la productividad de los cultivos.

1. Evaluación

La evaluación de sistemas de riego es un proceso crítico en la gestión de los recursos hídricos en la agricultura. Esta sección se enfoca en cómo evaluar eficientemente los sistemas de riego para maximizar su eficacia y eficiencia en el uso del agua.

La evaluación de sistemas de riego es el proceso de análisis y valoración de los sistemas de riego existentes para determinar su eficiencia, eficacia y sostenibilidad.

Esta evaluación se realiza con el fin de identificar oportunidades de mejora, optimización de recursos y minimización del impacto ambiental.

Algunos aspectos clave en la evaluación son:

- **Eficiencia del uso del agua**: Se refiere a la cantidad de agua efectivamente utilizada por los cultivos en relación con la cantidad total de agua aplicada.

Fig. 1. La eficiencia se ve afectada por factores como la uniformidad de la distribución del agua, la tecnología de riego utilizada y las prácticas de manejo del agua

- **Uniformidad de la aplicación**: Un sistema de riego eficiente debe distribuir el agua de manera uniforme a lo largo del campo. La uniformidad se evalúa a través de parámetros como el Coeficiente de Uniformidad y la Eficiencia de Distribución.

- **Adaptabilidad y flexibilidad**: Evaluar cómo el sistema se adapta a diferentes tipos de cultivos, condiciones de suelo y variaciones climáticas. Un sistema adaptable permite ajustes en la frecuencia y cantidad de riego según las necesidades específicas.

- **Impacto ambiental**: Incluye la evaluación de la sostenibilidad del sistema de riego en términos de conservación de agua, efectos sobre la calidad del suelo y el agua, y la minimización de la escorrentía y la erosión.

- **Costo-efectividad**: Analizar la relación costo-beneficio del sistema, considerando tanto los costos iniciales de instalación como los costos operativos a largo plazo.

- **Tecnología y equipamiento**: Revisar la adecuación y estado de la tecnología de riego y equipos utilizados.

Fig. 2. Aspectos que deben revisarse incluyen aspersores, sistemas de goteo, bombas, y sensores de humedad del suelo

Con respecto a los métodos de evaluación, tenemos:

- **Inspecciones visuales**: Realizar inspecciones regulares para identificar problemas visibles como fugas, obstrucciones o desgaste de equipos.

- **Mediciones de campo**: Utilizar equipos como medidores de flujo y sensores de humedad para obtener datos precisos sobre la eficiencia del sistema.

- **Análisis de datos**: Recopilar y analizar datos sobre el uso del agua, rendimientos de cultivos, y condiciones climáticas para evaluar la eficacia del sistema.

- **Consultas con expertos**: Involucrar a agrónomos o ingenieros en riego para asesoramiento especializado y recomendaciones.

Una evaluación exhaustiva y regular de los sistemas de riego es esencial para asegurar un uso eficiente del agua en la agricultura. Identificar áreas de mejora y realizar ajustes oportunos puede llevar a un ahorro significativo de recursos, aumentar la productividad de los cultivos y contribuir a la sostenibilidad del sector agrario.

2. Tipos de riegos

En el sector agrario, existen diversos tipos de sistemas de riego, cada uno con sus características, ventajas y aplicaciones específicas. Esta sección se centra en la descripción y análisis de los tipos de riegos más comunes, proporcionando una comprensión integral de sus principios de funcionamiento y adecuación para distintas condiciones agrícolas.

A. Riego por superficie

El riego por superficie es uno de los métodos más antiguos y simples. Consiste en aplicar agua directamente sobre la superficie del suelo, permitiendo que se distribuya por gravedad.

Este método se subdivide en riego por inundación, surcos y melgas:

- **Riego por inundación**: Implica inundar el campo con agua, lo que requiere un nivel relativamente plano del terreno.
- **Riego por surcos**: El agua se conduce a través de pequeños canales o surcos entre las hileras de cultivos.

- **Riego por melgas**: Se utiliza en campos divididos en camellones o melgas, y el agua se distribuye en estas áreas confinadas.

Las aplicaciones y consideraciones con respecto al riego por superficie son:

- Adecuado para cultivos que requieren grandes cantidades de agua.
- Menos eficiente en términos de conservación de agua y uniformidad de aplicación.
- Puede causar erosión del suelo y lixiviación de nutrientes.

B. Riego por aspersión

El riego por aspersión utiliza un sistema de tuberías y aspersores para distribuir el agua en forma de lluvia artificial. Incluye sistemas fijos, móviles y de pivote central:

- **Sistemas fijos**: Son instalaciones permanentes donde las tuberías y aspersores están fijos en una ubicación. Estos son adecuados para campos más pequeños o para cultivos que requieren una cantidad constante de agua.

- **Sistemas móviles**: Permiten mover las tuberías y los aspersores a diferentes partes del campo. Son útiles en terrenos grandes donde se requiere flexibilidad en la aplicación del riego.

- **Sistemas de pivote central**: Este es un método de riego automatizado donde el equipo rota alrededor de un pivote central, irrigando un área circular. Es eficiente para campos grandes y proporciona una aplicación muy uniforme del agua.

Fig. 3. Esta técnica se realiza mediante un sistema de tuberías equipadas con aspersores, que dispersan el agua en pequeñas gotas sobre las plantas y el suelo, imitando el efecto de una lluvia ligera

Las aplicaciones y consideraciones con respecto al riego por aspersión son:

- Más uniforme en la distribución del agua que el riego por superficie.
- Adecuado para una variedad de tipos de suelo y topografías.
- Puede ser utilizado para la aplicación de fertilizantes y pesticidas (fertirrigación).
- Requiere una inversión inicial más alta y un mantenimiento regular.

C. Riego por goteo (o microirrigación)

El riego por goteo suministra agua directamente a la zona radicular de las plantas a través de emisores (goteros) colocados a lo largo de tuberías. Es altamente eficiente en el uso del agua.

Las aplicaciones y consideraciones con respecto al riego por goteo son:

- Ideal para cultivos de alto valor y huertos.
- Minimiza la evaporación y el escurrimiento.
- Permite un control preciso de la cantidad de agua aplicada.
- Requiere filtración del agua para evitar obstrucciones en los emisores.

D. Riego subterráneo

En el riego subterráneo, el agua se suministra directamente debajo de la superficie del suelo a través de un sistema de tuberías perforadas. Esto reduce la evaporación y mejora la eficiencia del agua.

Las aplicaciones y consideraciones con respecto al riego subterráneo son:

- Adecuado para cultivos perennes y en áreas con escasez de agua.
- Reduce la pérdida de agua por evaporación y minimiza el crecimiento de malezas.
- Requiere un diseño cuidadoso para evitar la salinización del suelo y el encharcamiento.

La elección del tipo de riego adecuado depende de varios factores como el tipo de cultivo, las condiciones del suelo, la topografía del terreno, la disponibilidad de agua y los costos de inversión y operación. Una comprensión detallada de los diferentes sistemas de riego permite a los agricultores seleccionar la opción más eficiente y sostenible para sus necesidades específicas, contribuyendo así al manejo eficiente del agua en la agricultura.

3. Estrategias en el manejo, etc.

El manejo eficiente del riego es esencial para maximizar la productividad agrícola, conservar recursos hídricos y proteger el medio ambiente.

La planificación y diseño de un sistema de riego son aspectos fundamentales para garantizar la eficiencia y sostenibilidad de cualquier práctica agrícola.

Importante

Una planificación adecuada implica no solo la selección del tipo de riego más conveniente, sino también un diseño meticuloso que se ajuste a las características específicas del terreno y a las necesidades de los cultivos. Este enfoque integral asegura que cada aspecto del sistema de riego contribuya a una gestión eficaz del agua.

En el diseño del sistema, se deben considerar factores clave como la topografía del terreno y el tipo de suelo, los cuales influyen directamente en la elección y eficacia del método de riego. Además, es necesario tener en cuenta los requerimientos hídricos de los cultivos y los patrones climáticos de la región.

La programación y control del riego constituyen otra faceta vital en la gestión del agua. La programación del riego debe ser cuidadosamente determinada, basándose en factores como la etapa de crecimiento del cultivo, la capacidad de retención de agua del suelo y las condiciones climáticas predominantes.

Fig. 4. La disponibilidad y calidad del agua son también aspectos esenciales, así como la eficiencia en su uso, buscando siempre minimizar la escorrentía y la evaporación

Anotación

El uso de tecnologías avanzadas, como sensores de humedad del suelo y estaciones meteorológicas, facilita una programación precisa y adaptativa. Por otro lado, la implementación de sistemas de control automático y remoto permite ajustar el riego en tiempo real, optimizando el uso del agua y reduciendo la necesidad de mano de obra intensiva.

En cuanto al manejo del agua y la conservación del suelo, prácticas como el acolchado (*mulching*) son fundamentales para reducir la evaporación del agua. La recolección y reutilización de aguas pluviales y de escorrentía contribuyen significativamente a la conservación de este recurso vital. Paralelamente, el manejo adecuado del suelo, mediante la mejora de su estructura y salud, es esencial para optimizar la infiltración y retención de agua, así como la aplicación de prácticas de labranza conservacionista para prevenir la compactación del suelo.

Fig. 5. Herramientas como drones y sistemas de información geográfica (GIS) se están convirtiendo en aliados indispensables para el monitoreo y la gestión eficaz del riego

La integración de tecnologías avanzadas en el sistema de riego abre un abanico de posibilidades para mejorar la eficiencia y precisión del riego. La implementación de sistemas de riego de precisión, como el riego por goteo y sistemas de aspersión avanzados, representa un avance significativo en este campo.

La monitorización y telemetría, a través de sensores y sistemas de recolección de datos, permiten un análisis detallado y en tiempo real de las condiciones ambientales y del suelo.

Finalmente, la integración de prácticas agronómicas como la fertirrigación, que asegura una distribución uniforme y eficiente de fertilizantes a través del sistema de riego, y el control integrado de plagas y enfermedades mediante la aplicación controlada de pesticidas y herbicidas a través del riego, juegan un papel crucial en la reducción del impacto ambiental y en la minimización del uso de químicos, contribuyendo así a una agricultura más sostenible y respetuosa con el medio ambiente.

La adopción de estrategias eficientes en el manejo de riegos es esencial para una agricultura sostenible. Estas estrategias incluyen una cuidadosa planificación y diseño del sistema de riego, una programación y control adecuados, prácticas de conservación del agua y del suelo, la utilización de tecnologías avanzadas y la integración de prácticas agronómicas. La implementación de estas estrategias contribuye a una mayor eficiencia en el uso del agua, mejora la productividad de los cultivos y reduce el impacto ambiental.

Resumen

El manejo eficiente del riego en la agricultura es un aspecto crucial para garantizar la sostenibilidad de los recursos hídricos y la productividad de los cultivos. La unidad aborda diversos aspectos clave del uso eficiente del agua en el sector agrario, centrándose en la planificación, diseño y aplicación de distintos sistemas de riego, así como en la integración de tecnologías avanzadas y prácticas agronómicas sostenibles.

La planificación y diseño de un sistema de riego adecuado es esencial. Esto implica seleccionar el tipo de riego más conveniente y diseñar el sistema teniendo en cuenta las características del terreno, los requerimientos hídricos de los cultivos, la topografía, el tipo de suelo y la disponibilidad y calidad del agua. Estos factores son fundamentales para asegurar una aplicación eficiente del agua, minimizando la escorrentía y la evaporación.

En cuanto a los tipos de riego, cada uno presenta características y aplicaciones específicas. El riego por superficie, aunque es uno de los métodos más antiguos, es menos eficiente en términos de conservación de agua. El riego por aspersión, que utiliza un sistema de tuberías y aspersores para distribuir el agua, es más adecuado para una variedad de tipos de suelo y topografías. El riego por goteo, que suministra agua directamente a la zona radicular de las plantas, es ideal para cultivos de alto valor y huertos, minimizando la evaporación y el escurrimiento. El riego subterráneo, que aporta agua directamente debajo de la superficie del suelo, es eficaz en la reducción de la evaporación y en la conservación del agua.

La programación y control del riego son fundamentales para una gestión eficaz. La programación debe basarse en la etapa de crecimiento del cultivo, la capacidad de retención de agua del suelo y las condiciones climáticas, utilizando tecnologías como sensores de humedad y estaciones meteorológicas para una programación precisa. Los sistemas de control automático y remoto permiten ajustes en tiempo real, optimizando el uso del agua y reduciendo la mano de obra.

El manejo del agua y la conservación del suelo incluyen prácticas como el acolchado para reducir la evaporación y la recolección y reutilización de aguas pluviales y de escorrentía. El mantenimiento de la estructura y salud del suelo es crucial para mejorar la infiltración y retención de agua.

La integración de tecnologías avanzadas en el sistema de riego, como los sistemas de riego de precisión, drones y sistemas de información geográfica (GIS), mejora la eficiencia y precisión del riego. La monitorización y telemetría a través de sensores facilitan un análisis detallado de las condiciones ambientales y del suelo.

Finalmente, la integración de prácticas agronómicas como la fertirrigación y el control integrado de plagas y enfermedades a través del riego reduce el impacto ambiental y la necesidad de químicos, contribuyendo a una agricultura más sostenible. Estos aspectos son fundamentales para comprender la importancia y la aplicación del manejo eficiente del riego en la agricultura moderna.

Glosario

Conservación del agua

Conjunto de prácticas y técnicas destinadas a reducir el uso y la pérdida de agua, como el acolchado (*mulching*) y la recolección de aguas pluviales.

Control automático de riego

Uso de sistemas automatizados para ajustar y controlar el riego, a menudo basado en datos en tiempo real sobre las condiciones del suelo y el clima.

Eficiencia del uso del agua

Medida de cuánta agua aplicada es efectivamente utilizada por los cultivos en comparación con la cantidad total de agua suministrada.

Fertirrigación

Técnica que combina el riego con la aplicación de fertilizantes, distribuyendo ambos de manera uniforme a través del sistema de riego.

Programación del riego

Proceso de determinar la frecuencia y la cantidad de riego basado en factores como las necesidades de los cultivos, la capacidad de retención de agua del suelo y las condiciones climáticas.

Riego por aspersión

Sistema de riego que utiliza tuberías y aspersores para dispersar el agua en forma de lluvia artificial sobre los cultivos.

Riego por goteo

Método de riego que suministra agua directamente a la zona radicular de las plantas a través de emisores (goteros) colocados a lo largo de tuberías.

Riego por superficie

Método de riego que consiste en aplicar agua directamente sobre la superficie del suelo, permitiendo que se distribuya por gravedad.

Riego subterráneo

Sistema de riego donde el agua se suministra directamente debajo de la superficie del suelo a través de un sistema de tuberías perforadas.

Uniformidad de aplicación

Grado en que el agua se distribuye de manera uniforme en el campo durante el riego.

Ejercicios de autoevaluación

1. ¿Cuál es el propósito principal de la evaluación de sistemas de riego?

    a. Aumentar el costo de los sistemas de riego.

    b. Identificar oportunidades de mejora y optimización de recursos.

    c. Reducir la eficiencia del uso del agua.

2. ¿Qué aspecto NO es clave en la evaluación de sistemas de riego?

    a. Rentabilidad de los cultivos.

    b. Eficiencia del uso del agua.

    c. Impacto ambiental.

3. ¿Qué método de riego es menos eficiente en términos de conservación de agua?

    a. Riego por goteo.

    b. Riego por superficie.

    c. Riego por aspersión.

4. ¿Cuál de los siguientes es un subtipo de riego por superficie?

    a. Riego por pivote.

    b. Riego por aspersores.

    c. Riego por inundación.

5. ¿Qué sistema de riego es ideal para cultivos de alto valor y huertos?

    a. Riego por aspersión.

    b. Riego por goteo.

    c. Riego subterráneo.

6. ¿Cuál es una ventaja del riego por aspersión?

    a. Uniformidad en la distribución del agua.

    b. Alto costo de instalación.

    c. Adecuado para terrenos inclinados.

7. ¿Qué tecnología de riego reduce la evaporación y mejora la eficiencia del agua?

    a. Riego por inundación.

    b. Riego por aspersión.

    c. Riego subterráneo.

8. En la programación del riego, ¿qué factor NO es necesario considerar?

    a. Etapa de crecimiento del cultivo.

    b. Color del cultivo.

    c. Condiciones climáticas.

9. ¿Qué práctica NO es parte del manejo del agua y conservación del suelo?

    a. Acolchado para reducir la evaporación.

    b. Uso de fertilizantes químicos.

    c. Recolección y reutilización de aguas pluviales.

10. ¿Qué beneficio ofrece la fertirrigación en el manejo de riegos?

    a. Aumento en la necesidad de químicos.

    b. Reducción de la eficiencia del riego.

    c. Distribución uniforme de fertilizantes.

U. A. 5. Aporte de fertilizantes y productos químicos vía riego

Introducción

En la agricultura moderna, el uso eficiente del agua no solo se limita a la aplicación correcta y medida del riego, sino que también incluye la integración de fertilizantes y productos químicos necesarios para el crecimiento óptimo de los cultivos.

Esta unidad se enfoca en el aporte de estos elementos esenciales a través del sistema de riego, una técnica conocida como fertirrigación.

Esta práctica permite una distribución más uniforme y precisa de los nutrientes, optimizando su absorción por las plantas y minimizando el desperdicio. Además, se abordarán las técnicas para la aplicación eficiente de herbicidas e insecticidas, garantizando así la salud y productividad de los cultivos, mientras se conserva la calidad del agua y se protege el medio ambiente.

Objetivos

- Comprender la importancia y metodología del cálculo y preparación de disoluciones para fertirrigación.
- Identificar recomendaciones de abonado adecuadas para diversos cultivos, considerando factores como el tipo de suelo, el clima, y la etapa de crecimiento del cultivo.
- Adquirir conocimientos sobre cómo utilizar los sistemas de riego para aplicar herbicidas e insecticidas de manera eficaz y segura.

1. Cálculo y preparación de disoluciones

El cálculo y la preparación de disoluciones para la fertirrigación son pasos esenciales para garantizar una nutrición adecuada de los cultivos y un uso eficiente de los recursos hídricos y fertilizantes.

Fig. 1. Es imprescindible conocer los fundamentos teóricos y prácticos necesarios para preparar disoluciones de fertilizantes que se administrarán a través del sistema de riego

Algunos conceptos básicos vinculados al cálculo y preparación de disoluciones son:

- **Solución nutritiva**: Una mezcla de agua con fertilizantes disueltos que contiene los nutrientes esenciales para el crecimiento de los cultivos.

- **Concentración de la solución**: La cantidad de fertilizante disuelto en una cantidad específica de agua, generalmente expresada en partes por millón (ppm) o en porcentaje (%).

- **Solubilidad**: La capacidad de un fertilizante para disolverse en agua, un factor clave para evitar la obstrucción de los sistemas de riego.

Por su parte, para el cálculo de disoluciones se necesita lo siguiente:

- **Determinación de necesidades nutricionales**: Identificar las necesidades específicas de nutrientes de los cultivos basándose en su etapa de crecimiento, tipo de suelo y condiciones climáticas.

- **Selección de fertilizantes**: Elegir fertilizantes compatibles con el sistema de riego y adecuados para las necesidades del cultivo.

- **Cálculo de la concentración**: Utilizar fórmulas para determinar la concentración necesaria de cada nutriente en la solución.

- **Ajustes de PH**: Medir y ajustar el pH de la solución para asegurar la disponibilidad óptima de nutrientes y la compatibilidad con el sistema de riego.

Ejemplo

Se requieren 100 ppm de nitrógeno y se utiliza un fertilizante con 30% de nitrógeno, se necesitarán aproximadamente 333 gramos del fertilizante por cada 1000 litros de agua.

Por otro lado, para la preparación de la disolución se necesita lo siguiente:

- **Disolución de fertilizantes**: Disolver los fertilizantes en agua, siguiendo las proporciones calculadas.
- **Precauciones de seguridad**: Utilizar equipo de protección personal y asegurar una manipulación segura para prevenir accidentes.
- **Mezcla homogénea**: Asegurar una mezcla uniforme de la solución para garantizar una distribución equitativa de nutrientes.
- **Almacenamiento y estabilidad**: Almacenar las soluciones preparadas en condiciones adecuadas para mantener su estabilidad y evitar la degradación de nutrientes.

Algunas consideraciones importantes son:

- **Compatibilidad de componentes**: Verificar la compatibilidad de diferentes fertilizantes en una misma solución para evitar precipitaciones y obstrucciones.
- **Monitoreo continuo**: Realizar análisis periódicos del suelo y del tejido vegetal para ajustar las concentraciones de la solución nutritiva según sea necesario.
- **Impacto ambiental**: Considerar el impacto ambiental de las disoluciones de fertilizantes y aplicar prácticas que minimicen la lixiviación y la contaminación.

2. Recomendaciones de abonado

El abonado es una práctica agrícola clave que implica la aplicación de fertilizantes al suelo o directamente a los cultivos para proporcionarles los nutrientes necesarios para su crecimiento y desarrollo. Esta sección se enfoca en ofrecer recomendaciones para un abonado efectivo, que maximice la productividad de los cultivos y minimice el impacto ambiental.

Los fundamentos del abonado son los siguientes:

- **Importancia del abonado**: Proporciona nutrientes esenciales que pueden estar ausentes o en cantidades insuficientes en el suelo.
- **Tipos de fertilizantes**: Incluyen fertilizantes orgánicos (como compost o estiércol) y fertilizantes inorgánicos (compuestos químicos).

Por su parte, para la evaluación del suelo y para identificar las necesidades del cultivo tenemos en consideración aspectos como:

Fig. 2. El análisis del suelo ayuda a identificar las deficiencias y a ajustar el abonado

Algunas recomendaciones generales de abonado son:

- **Balance nutricional**: Asegurarse de que se aporten todos los nutrientes esenciales en las proporciones adecuadas. Los nutrientes primarios son nitrógeno (N), fósforo (P) y potasio (K).

- **Dosis adecuadas**: Basar la cantidad de fertilizante en los resultados del análisis de suelo y las necesidades del cultivo. Evitar el exceso de fertilización, que puede ser perjudicial para los cultivos y el medio ambiente.

- **Momento de aplicación**: El tiempo de aplicación del abono es crucial. Se debe considerar el estado de crecimiento del cultivo y las condiciones climáticas. Por ejemplo, el nitrógeno se suele aplicar en etapas de crecimiento activo.

- **Métodos de aplicación**: Elegir métodos de aplicación efectivos, como la fertirrigación o la aplicación directa al suelo, dependiendo del tipo de cultivo y del sistema de riego utilizado.

- **Fertilizantes orgánicos vs. Inorgánicos**: Considerar el uso de fertilizantes orgánicos para mejorar la estructura del suelo y la actividad biológica, complementándolos con fertilizantes inorgánicos para proporcionar nutrientes específicos de manera rápida.

Por último, algunos aspectos relevantes a considerar son:

- **Prácticas de conservación del suelo**: Integrar prácticas de manejo que conserven la fertilidad del suelo, como la rotación de cultivos y el uso de cubiertas vegetales.

- **Impacto ambiental**: Ser consciente del impacto ambiental del abonado, en particular la posibilidad de lixiviación de nutrientes y contaminación de fuentes de agua.

- **Registro y monitoreo**: Mantener registros detallados de las aplicaciones de fertilizantes y monitorear el rendimiento de los cultivos para ajustar las prácticas de abonado en el futuro.

Recuerda

Un plan de abonado bien diseñado y ejecutado es fundamental para el éxito de cualquier operación agrícola. Al seguir estas recomendaciones, los agricultores pueden asegurar una nutrición adecuada para sus cultivos, optimizar los rendimientos y minimizar los impactos negativos en el medio ambiente.

3. Aplicación de herbicidas e insecticidas vía riego

La aplicación de herbicidas e insecticidas a través del sistema de riego, conocida como quimigación, es una técnica eficiente que permite un control preciso de plagas y malas hierbas, asegurando la entrega directa de estos productos al objetivo deseado. Esta sección aborda las mejores prácticas y consideraciones para la aplicación efectiva y segura de herbicidas e insecticidas mediante sistemas de riego.

Fig. 3. La quimingación ofrece una cobertura uniforme y reduce la necesidad de maquinaria adicional

Los fundamentos de la quimigación son:

- **Quimigación**: Es el proceso de aplicar productos químicos, como herbicidas e insecticidas, a través del sistema de riego.
- **Sistemas de riego adecuados**: No todos los sistemas de riego son aptos para la quimigación. Los sistemas de riego por goteo y aspersión son generalmente los más eficaces para esta técnica.

Un aspecto relevante es la adecuada selección de productos químicos, considerando lo siguiente:

- **Compatibilidad con el sistema de riego**: Verificar que los herbicidas e insecticidas sean compatibles con el sistema de riego y no causen daños o bloqueos en el equipo.
- **Eficacia y especificidad**: Elegir productos que sean eficaces para las plagas y malas hierbas específicas presentes en el cultivo.
- **Dilución correcta**: Seguir las instrucciones del fabricante para diluir correctamente los productos químicos antes de su inyección en el sistema de riego.
- **Pruebas de compatibilidad**: Realizar pruebas para asegurarse de que los productos químicos no reaccionen negativamente entre sí o con los componentes del sistema de riego.

El proceso de aplicación se caracteriza por:

- **Inyección de productos químicos**: Utilizar un inyector de productos químicos para introducir los herbicidas e insecticidas en el sistema de riego.

- **Tiempo y duración de la aplicación**: Programar la aplicación durante un momento en que los cultivos puedan absorber los productos eficientemente, generalmente durante las horas más frescas del día.

- **Monitorización constante**: Supervisar el sistema de riego durante la aplicación para asegurarse de que los productos químicos se distribuyan uniformemente.

No menos importantes son las consideraciones de seguridad y ambientales:

- **Protección del medio ambiente**: Asegurarse de que los productos químicos no alcancen fuentes de agua no destinadas, como ríos o acuíferos.

- **Equipos de protección personal**: Utilizar el equipo de protección adecuado durante la manipulación y aplicación de los productos químicos.

- **Prevención de la contaminación del suelo y agua**: Implementar prácticas que minimicen el riesgo de lixiviación o escurrimiento de productos químicos.

La aplicación de herbicidas e insecticidas vía riego es una técnica avanzada que, si se realiza correctamente, puede mejorar significativamente la eficacia del control de plagas y malas hierbas, al tiempo que reduce el impacto ambiental y los costos de mano de obra. Sin embargo, requiere una planificación cuidadosa, selección de productos adecuada, y un manejo seguro y responsable.

U. A. 5. Aporte de fertilizantes y productos químicos vía riego

Resumen

El cálculo y la preparación de disoluciones para la fertirrigación son fundamentales para proporcionar una nutrición adecuada a los cultivos y un uso eficiente de recursos hídricos y fertilizantes. Se destaca la importancia de determinar las necesidades nutricionales específicas de los cultivos y de elegir fertilizantes compatibles con los sistemas de riego. Una atención particular se pone en la solubilidad de los fertilizantes para evitar la obstrucción de los sistemas de riego y en el ajuste del pH de las soluciones para garantizar la disponibilidad óptima de nutrientes.

En lo que respecta a las recomendaciones de abonado, se subraya la necesidad de realizar un análisis del suelo para determinar las deficiencias de nutrientes y ajustar la fertilización en consecuencia. Se hace hincapié en la importancia de un balance nutricional, eligiendo las dosis adecuadas de fertilizantes basándose en el análisis del suelo y las necesidades específicas del cultivo. Además, se menciona la importancia del momento de aplicación del abono, enfatizando que, por ejemplo, el nitrógeno suele aplicarse en etapas de crecimiento activo. Se considera también el uso de fertilizantes orgánicos para mejorar la estructura del suelo y la actividad biológica.

Por último, la sección sobre la aplicación de herbicidas e insecticidas vía riego, o quimigación, resalta la eficiencia de esta técnica para el control de plagas y malas hierbas. Se enfatiza la necesidad de seleccionar productos químicos que sean compatibles con el sistema de riego y eficaces para las plagas y malas hierbas específicas. Se discuten las mejores prácticas para la dilución y aplicación de estos productos químicos, incluyendo el uso de un inyector de productos químicos para asegurar una distribución uniforme. Además, se abordan las consideraciones de seguridad y ambientales, como la prevención de la contaminación del suelo y del agua y el uso de equipos de protección personal.

Glosario

Abonado

Aplicación de fertilizantes al suelo o directamente a los cultivos para proporcionarles nutrientes esenciales.

Análisis de suelo

Proceso de examinar una muestra de suelo para determinar su contenido nutricional, composición y otras características como el pH.

Concentración de la solución

Cantidad de sustancia disuelta en un volumen específico de líquido, típicamente expresada en partes por millón (ppm) o porcentajes.

Fertilizantes inorgánicos

Compuestos químicos sintéticos utilizados para aportar nutrientes a los cultivos.

Fertilizantes orgánicos

Materiales de origen biológico (como compost o estiércol) utilizados para enriquecer el suelo con nutrientes.

Fertirrigación

Técnica de aplicar fertilizantes disueltos en agua a través de un sistema de riego.

Herbicidas

Sustancias químicas utilizadas para controlar o eliminar las malas hierbas.

Insecticidas

Productos químicos utilizados para matar o repeler insectos perjudiciales para los cultivos.

Quimigación

Aplicación de productos químicos, como herbicidas e insecticidas, a través de un sistema de riego.

Solubilidad

Capacidad de una sustancia para disolverse en un líquido, como el agua.

Solución nutritiva

Mezcla de agua y fertilizantes disueltos utilizada en la fertirrigación para proporcionar nutrientes a los cultivos.

Ejercicios de auto evaluación

1. ¿Qué tipo de fertilizantes se utilizan en la fertirrigación?

   a. Fertilizantes inorgánicos.

   b. Fertilizantes orgánicos.

   c. Ambos tipos de fertilizantes.

2. ¿Qué significa ppm en el contexto del cálculo de disoluciones de fertilizantes?

   a. Partículas por milímetro.

   b. Partes por millón.

   c. Porcentaje de mezcla.

3. ¿Cuál es un factor clave para evitar la obstrucción de los sistemas de riego en la fertirrigación?

   a. Solubilidad del fertilizante.

   b. Velocidad del agua.

   c. Temperatura del agua.

4. ¿Qué se debe ajustar en la preparación de la disolución para garantizar la disponibilidad óptima de nutrientes?

   a. La temperatura.

   b. El pH.

   c. La densidad.

5. ¿Cuál es un beneficio del uso de fertilizantes orgánicos?

a. Aumento de la temperatura del suelo.

b. Reducción del pH del suelo.

c. Mejora de la estructura del suelo.

6. ¿Qué aspecto es crucial al seleccionar la dosis adecuada de fertilizante?

a. El color del fertilizante.

b. Los resultados del análisis de suelo.

c. La marca del fertilizante.

7. ¿En qué momento se suele aplicar el nitrógeno en la práctica de abonado?

a. Antes de la siembra.

b. Durante las etapas de crecimiento activo.

c. Después de la cosecha.

8. ¿Qué método de riego es generalmente más eficaz para la quimigación?

a. Riego por goteo y aspersión.

b. Riego por inundación.

c. Riego por surcos.

9. ¿Cuál es el propósito principal de la quimigación?

a. Aumentar la cantidad de agua aplicada.

b. Aplicar productos químicos a través del sistema de riego.

c. Reducir el uso de fertilizantes.

10.¿Qué se debe hacer para asegurar que los herbicidas e insecticidas se distribuyan uniformemente en la quimigación?

a. Usar un inyector de productos químicos.

b. Aplicarlos manualmente.

c. Incrementar la presión del agua.

U. A. 5. Aporte de fertilizantes y productos químicos vía riego

U. A. 6. Características de los regadíos

Introducción

El estudio de las características de los regadíos es fundamental para comprender cómo el uso eficiente del agua impacta directamente en la agricultura.

Esta unidad se centra en explorar las diversas técnicas de regadío, considerando factores como el tipo de cultivo, el clima, y las condiciones del suelo. Se abordará cómo las prácticas de regadío pueden ser optimizadas para maximizar la eficiencia del uso del agua y mejorar la sostenibilidad de las explotaciones agrarias. Este conocimiento es necesario en un contexto global donde el agua es un recurso cada vez más escaso y valioso.

Objetivos

- Comprender las diversas técnicas de regadío, su aplicabilidad y su idoneidad para distintos tipos de cultivos y condiciones ambientales.
- Analizar la relación entre las prácticas de regadío y la sostenibilidad del agua, e identificar cómo estas influyen en la conservación del agua y la salud del suelo.
- Identificar las habilidades necesarias para planificar y gestionar sistemas de regadío que maximicen la eficiencia en el uso del agua, incluyendo la implementación de tecnologías avanzadas y la adaptación de prácticas a condiciones climáticas y edáficas específicas.

1. Características de los regadíos

El regadío es una práctica agrícola que consiste en la aplicación artificial de agua a la tierra para facilitar el crecimiento de los cultivos. Esta sección aborda las características esenciales de los regadíos, enfocándose en sus componentes, tipos y factores que influyen en su eficiencia y sostenibilidad.

Los componentes de un sistema de regadío son:

- **Fuente de agua**: Es el origen del suministro de agua para el riego. Puede ser superficial (ríos, lagos) o subterránea (acuíferos).
- **Infraestructura de distribución**: Incluye canales, tuberías y bombas que transportan el agua desde la fuente hasta los campos.
- **Sistemas de aplicación**: Se refiere a los métodos utilizados para aplicar agua a los cultivos, como aspersión, goteo o inundación.
- **Drenaje**: Esencial para prevenir la salinización y el encharcamiento del suelo.

Fig. 1. El drenaje incluye canales de drenaje y sistemas subterráneos

Por otro lado, con respecto a los tipos de regadíos, podemos diferenciar:

- **Por superficie**: Incluye el riego por inundación y por surcos. Es un método tradicional y generalmente menos eficiente en términos de uso del agua.
- **Por aspersión**: Utiliza aspersores para simular la lluvia. Más eficiente que el riego superficial, es adecuado para una variedad de cultivos y tipos de suelo.
- **Por goteo o microaspersión**: Ofrece la máxima eficiencia, aplicando agua directamente a la zona radicular de las plantas.

Fig. 2. El regadío por goteo o microaspersión es ideal para cultivos de alto valor y zonas áridas

Algunos factores que influyen en la eficiencia del regadío son los siguientes:

- **Selección del método de riego**: Depende de factores como el tipo de cultivo, la topografía del terreno, y la disponibilidad de agua.
- **Manejo del agua**: La programación adecuada del riego y el control de la cantidad de agua aplicada son esenciales para evitar el desperdicio.
- **Calidad del agua**: El agua con altos niveles de salinidad o contaminantes puede afectar negativamente a los cultivos y al suelo.
- **Tecnología y automatización**: El uso de sensores, sistemas automatizados y técnicas de agricultura de precisión puede aumentar significativamente la eficiencia del riego.
- **Prácticas de conservación del suelo**: La gestión adecuada del suelo, incluyendo la labranza mínima y la cobertura del suelo, puede mejorar la retención de agua y reducir la necesidad de riego.

Anotación

La sostenibilidad en los regadíos implica equilibrar las necesidades hídricas de los cultivos con la conservación de los recursos acuáticos. Esto incluye la minimización del impacto ambiental, la optimización del uso del agua y la adaptación a los cambios climáticos. Las prácticas sostenibles en el regadío contribuyen a la seguridad alimentaria a largo plazo y a la protección de los ecosistemas.

Otro aspecto relevante son las innovaciones tecnológicas en el regadío como:

- **Sistemas de riego inteligentes**: La incorporación de tecnología IoT (Internet de las Cosas) en los sistemas de riego permite un control más preciso y automatizado. Sensores de humedad del suelo, estaciones meteorológicas y sistemas de control remoto ayudan a optimizar el uso del agua.
- **Drones y satélites en agricultura de precisión**: Estas herramientas proporcionan datos detallados sobre el estado de los cultivos y las condiciones del suelo, lo que permite ajustar los patrones de riego para maximizar la eficiencia y minimizar el desperdicio.

Por otro lado, el impacto del cambio climático en los regadíos supone:

- **Variabilidad del suministro de agua**: El cambio climático está alterando los patrones de precipitación y disponibilidad de agua.
- **Estrategias de adaptación**: Los agricultores están adoptando prácticas como la diversificación de cultivos y la mejora de los sistemas de captación y almacenamiento de agua para adaptarse a estas variaciones.

Fig. 3. El cambio climático afecta la planificación y gestión del riego

Una gestión sostenible del agua supone:

- **Reciclaje de agua y uso de aguas residuales tratadas**: La reutilización de aguas residuales tratadas para riego es una estrategia emergente para reducir la presión sobre los recursos hídricos dulces.
- **Integración de energías renovables**: El uso de energía solar o eólica para operar sistemas de riego reduce la huella de carbono y mejora la sostenibilidad del sector agrícola.

 Anotación

Las nuevas políticas y leyes están enfocándose en la gestión sostenible del agua, incluyendo cuotas de uso, tarifas y regulaciones sobre la calidad del agua de riego.

Gobiernos y organizaciones internacionales están promoviendo y financiando proyectos para la modernización de sistemas de riego, enfocándose en la eficiencia y la sostenibilidad.

Resumen

El regadío, que implica la aplicación artificial de agua a los terrenos agrícolas, es una práctica fundamental en la agricultura, especialmente en regiones con escasez de precipitaciones naturales. Los sistemas de regadío constan de varios componentes imprescindibles: la fuente de agua, que puede ser superficial o subterránea; la infraestructura de distribución, que incluye canales, tuberías y bombas; los sistemas de aplicación del agua, como aspersión o goteo; y sistemas de drenaje para prevenir la salinización y el encharcamiento del suelo.

Existen diferentes tipos de regadíos, cada uno adecuado a distintas condiciones y necesidades. El riego por superficie, que incluye métodos como la inundación y los surcos, es el más tradicional. El riego por aspersión simula la lluvia y es más eficiente en términos de uso del agua. El riego por goteo o microaspersión, que ofrece la máxima eficiencia, es ideal para cultivos de alto valor y zonas áridas, ya que aplica agua directamente en la zona radicular.

La eficiencia del regadío depende de múltiples factores, como la selección del método de riego adecuado, que debe considerar el tipo de cultivo, la topografía y la disponibilidad de agua. El manejo adecuado del agua, incluyendo la programación y el control de la cantidad aplicada, es necesario para evitar el desperdicio. Además, la calidad del agua utilizada es un factor importante, ya que el agua con altos niveles de salinidad o contaminantes puede ser perjudicial para los cultivos y el suelo.

En términos de innovaciones tecnológicas, los sistemas de riego inteligentes y la agricultura de precisión, que utilizan sensores y tecnologías como drones y satélites, están revolucionando el regadío. Estas tecnologías permiten un control más preciso y automatizado, optimizando el uso del agua y mejorando la sostenibilidad.

El cambio climático es un desafío significativo para los sistemas de regadío, ya que altera los patrones de precipitación y la disponibilidad de agua. Esto ha llevado a la adopción de estrategias de adaptación como la diversificación de cultivos y la mejora de los sistemas de captación y almacenamiento de agua.

La sostenibilidad en los regadíos implica la gestión del agua de manera que se minimice el impacto ambiental, se conserve el recurso y se asegure su disponibilidad a largo plazo. Esto incluye prácticas como el reciclaje de agua, el uso de aguas residuales tratadas y la integración de energías renovables.

En resumen, los regadíos juegan un papel fundamental en la agricultura moderna, y su gestión eficiente y sostenible es esencial para enfrentar los desafíos actuales y futuros, incluyendo la escasez de agua y los impactos del cambio climático.

Glosario

Agricultura de precisión

Enfoque agrícola basado en el uso de tecnologías como GPS, sensores, drones o satélites para optimizar las prácticas agrícolas y mejorar la producción y sostenibilidad.

Cambio climático en agricultura

Impacto del cambio climático en las prácticas agrícolas, incluyendo alteraciones en los patrones de precipitación y disponibilidad de agua.

Drenaje en agricultura

Proceso de eliminación del exceso de agua del suelo para prevenir problemas como la salinización y el encharcamiento.

Eficiencia del riego

Medida de cuánta agua aplicada al campo es utilizada efectivamente por los cultivos, en comparación con la cantidad total de agua aplicada.

IoT en agricultura (internet de las cosas)

Aplicación de dispositivos conectados a internet, como sensores y sistemas de control, para monitorear y automatizar los sistemas agrícolas, incluido el riego.

Sostenibilidad en regadíos

Prácticas y estrategias de manejo de agua de riego enfocadas en el uso eficiente y la conservación de los recursos hídricos, minimizando el impacto ambiental y asegurando la viabilidad a largo plazo de los sistemas agrícolas.

Ejercicios de autoevaluación

1. **¿Cuál es una fuente común de agua en sistemas de regadío?**

   a. Agua de lluvia acumulada.

   b. Ríos y lagos.

   c. Agua desalinizada.

2. **¿Qué componente es esencial para prevenir la salinización del suelo en los regadíos?**

   a. Bombas.

   b. Drenaje.

   c. Aspersores.

3. **¿Qué método de riego simula la lluvia?**

   a. Goteo.

   b. Inundación.

   c. Aspersión.

4. **¿Cuál de estos es un factor clave para elegir el método de riego adecuado?**

   a. Tipo de cultivo.

   b. Color del cultivo.

   c. Preferencias personales.

5. **¿Qué tecnología se utiliza para un control más preciso en el riego?**

   a. Maquinaria pesada.

   b. Herramientas manuales.

   c. Sistemas de riego inteligentes.

6. ¿Qué práctica está siendo adoptada para adaptarse al cambio climático en el regadío?

a. Reducción del tamaño de las parcelas.
b. Diversificación de cultivos.
c. Eliminación de sistemas de drenaje.

7. ¿Qué estrategia emergente ayuda a reducir la presión sobre los recursos hídricos dulces?

a. Incremento en el uso de fertilizantes.
b. Reciclaje de agua y uso de aguas residuales tratadas.
c. Expansión de tierras de cultivo.

8. ¿Qué tipo de energía se está integrando en los regadíos para mejorar la sostenibilidad?

a. Nuclear.
b. Fósil.
c. Renovable.

9. ¿Qué factor es crucial para evitar el desperdicio en el manejo del agua de riego?

a. Programación adecuada del riego.
b. Color del agua.
c. Temperatura del agua.

10.¿Qué tipo de riego aplica agua directamente a la zona radicular de las plantas?

a. Por goteo.
b. Por aspersión.
c. Por superficie.

U. A. 7. El uso del agua en los cultivos: olivar, cítricos, remolacha, algodón, arroz, frutales, cereales, forrajeras, etc.

Introducción

En esta unidad, se explora la importancia vital del agua en la agricultura y cómo su uso eficiente es necesario para el sostenimiento de diversos cultivos. Se abordará el uso específico del agua en una variedad de cultivos, incluyendo el olivar, cítricos, remolacha, algodón, arroz, frutales, cereales, y forrajeras, entre otros.

Es imprescindible comprender las necesidades hídricas de cada tipo de cultivo y cómo pueden variar según el clima, la etapa de crecimiento y las condiciones del suelo. Este enfoque se centrará en las prácticas de riego eficientes que no solo aseguran una producción óptima, sino que también protegen los recursos hídricos y el medio ambiente.

U. A. 7. El uso del agua en los cultivos: olivar, cítricos, remolacha, algodón, arroz, frutales, cereales, forrajeras, etc.

Objetivos

- Comprender las necesidades hídricas específicas de una amplia gama de cultivos, incluyendo el olivar, cítricos, remolacha, algodón, arroz, frutales, cereales y forrajeras.
- Identificar cómo implementar sistemas y métodos de riego que maximicen la eficiencia en el uso del agua.
- Aprender sobre la importancia de una gestión sostenible del agua en el sector agrícola. Esto incluye el desarrollo de estrategias para la conservación del agua, la prevención de la contaminación, y la implementación de prácticas agrícolas que apoyen la preservación de los ecosistemas acuáticos y terrestres.

1. El uso del agua en los cultivos: olivar, cítricos, remolacha, algodón, arroz, frutales, cereales, forrajeras, etc.

El agua juega un papel esencial en la agricultura, siendo fundamental para el crecimiento y desarrollo de los cultivos. En esta sección, exploraremos el uso específico del agua en una variedad de cultivos, incluyendo olivares, cítricos, remolacha, algodón, arroz, frutales, cereales y forrajeras.

- **Olivares**: El olivo es un cultivo típicamente mediterráneo, tolerante a la sequía pero que responde positivamente al riego.

  Durante la etapa de floración y formación del fruto, el riego adecuado es indispensable. Se recomienda un riego por goteo para maximizar la eficiencia del uso del agua.

Fig. 1. La cantidad de agua necesaria depende de la etapa de crecimiento del olivo y de las condiciones climáticas

- **Cítricos**: Los cítricos requieren un suministro constante de agua, especialmente durante la floración y el desarrollo del fruto. Un déficit hídrico puede afectar la calidad y cantidad de la cosecha.

Fig. 2. Los cítricos se benefician de sistemas de riego que permiten una distribución uniforme del agua, como el riego por microaspersión

- **Remolacha**: La remolacha azucarera es sensible a la escasez de agua durante la germinación y el crecimiento de la raíz.

  El riego por aspersión es comúnmente usado para la remolacha, aunque el riego por goteo está ganando popularidad.

Fig. 3. Un riego adecuado durante estas fases mejora significativamente el rendimiento y la calidad del azúcar

- **Algodón**: El algodón requiere una cantidad significativa de agua, especialmente durante la floración y el desarrollo de la cápsula. Sin embargo, un exceso de agua puede ser perjudicial.

Fig. 4. El riego por goteo y por surcos son métodos comunes en el cultivo de algodón, siendo el primero más eficiente en términos de conservación del agua

- **Arroz**: El arroz es un cultivo que tradicionalmente se cultiva en campos inundados. Esta práctica, aunque efectiva, es intensiva en el uso del agua.

Fig. 5. Métodos alternativos como el riego intermitente o el sistema de riego por aspersión pueden reducir la cantidad de agua necesaria en el cultivo de arroz sin comprometer el rendimiento

- **Frutales**: Los árboles frutales tienen diversas necesidades hídricas dependiendo de la especie, el clima y el suelo. El riego es fundamental durante la formación de frutos.

Fig. 6. Técnicas como el riego por goteo y la microaspersión son efectivas para proporcionar agua de manera eficiente a los frutales

- **Cereales**: Los cereales como el trigo y el maíz requieren una buena cantidad de agua durante la germinación y el crecimiento temprano.

Fig. 7. El riego por aspersión es común en el cultivo de cereales, aunque el riego por goteo está ganando aceptación debido a su eficiencia en el uso del agua

- **Forrajeras**: Las plantas forrajeras, utilizadas para alimentación animal, requieren riego regular para mantener un crecimiento constante.

Fig. 8. El método de riego depende del tipo de forraje y de las condiciones del terreno, pudiendo utilizarse tanto el riego por aspersión como el riego por superficie

Algunas consideraciones generales a tener en cuenta son:

- **Eficiencia del riego**: Independientemente del tipo de cultivo, es fundamental maximizar la eficiencia del riego. Esto incluye la elección del sistema de riego adecuado, la programación del riego basada en las necesidades hídricas del cultivo y las condiciones climáticas, y el monitoreo constante para evitar el exceso o déficit de agua.

- **Manejo sostenible del agua**: La gestión sostenible del agua implica no solo atender las necesidades inmediatas de los cultivos, sino también conservar los recursos hídricos para el futuro. Esto incluye la adopción de prácticas de riego eficientes, la recogida y reutilización de agua y la prevención de la contaminación del agua.

A continuación, se explican algunos procesos actuales relevantes. En cuanto a las tecnologías de riego de precisión existen:

- **Sensores de humedad del suelo**: Estos dispositivos proporcionan datos en tiempo real sobre la humedad del suelo, permitiendo a los agricultores ajustar el riego a las necesidades exactas de los cultivos, minimizando el desperdicio de agua.

- **Sistemas de riego controlados por satélite**: El uso de imágenes satelitales y sensores remotos para monitorear las condiciones de los cultivos y del suelo, permitiendo ajustar el riego a las necesidades específicas de cada zona del campo.

En cuanto a prácticas de manejo integrado de nutrientes y agua hay distintas técnicas:

- **Fertirrigación**: Esta técnica combina el riego con la aplicación de fertilizantes, optimizando la absorción de nutrientes por las plantas y reduciendo la lixiviación de fertilizantes al medio ambiente.

- **Hidrozonas**: Consiste en dividir el campo en zonas con necesidades hídricas similares y regar cada zona de acuerdo con sus necesidades específicas, mejorando la eficiencia del uso del agua.

En cuanto al uso de cultivares mejorados y adaptados al estrés hídrico, hay variedades de cultivos resistentes a la sequía. El desarrollo y uso de variedades de cultivos genéticamente mejoradas para resistir períodos de escasez de agua, permitiendo un rendimiento estable en condiciones de estrés hídrico.

También existen estrategias de conservación del agua y suelo como las siguientes:

- *Mulching*: Uso de coberturas orgánicas o inorgánicas sobre el suelo para reducir la evaporación del agua, mejorar la retención de humedad y controlar la temperatura del suelo.

- **Agricultura de conservación**: Prácticas como la labranza mínima y la rotación de cultivos que mejoran la estructura del suelo, aumentan su capacidad de retención de agua y reducen la erosión.

Para la adaptación al cambio climático se puede contar con lo siguiente:

- **Modelos de pronóstico climático**: Utilización de modelos de pronóstico para anticipar patrones climáticos y ajustar las prácticas de riego en consecuencia.

- **Sistemas de recolección de aguas pluviales**: Instalación de sistemas para recoger y almacenar agua de lluvia, proporcionando una fuente adicional de agua para el riego durante períodos de escasez.

Por último, en la actualidad, con respecto a la legislación y políticas de gestión del agua destacamos que las normativas y subvenciones buscan actualizaciones en la legislación que promuevan prácticas de riego eficientes y ofrezcan incentivos o subvenciones para la adopción de tecnologías de riego sostenibles.

Recuerda

Estas innovaciones y tendencias actuales en el riego y manejo del agua en la agricultura reflejan un enfoque integral que combina tecnología avanzada, prácticas agronómicas inteligentes y una respuesta proactiva al cambio climático. La implementación de estas estrategias puede llevar a una producción agrícola más sostenible y eficiente, garantizando la seguridad alimentaria y la protección de los recursos hídricos.

U. A. 7. El uso del agua en los cultivos: olivar, cítricos, remolacha, algodón, arroz, frutales, cereales, forrajeras, etc.

Resumen

En esta unidad, exploramos el uso eficiente del agua en el sector agrario, enfocándonos en el riego de diversos cultivos como olivares, cítricos, remolacha, algodón, arroz, frutales, cereales y forrajeras. El agua es un recurso crucial en la agricultura, y su manejo adecuado es esencial para la sostenibilidad de las prácticas agrícolas y la protección del medio ambiente.

El riego por goteo es altamente recomendado para olivares, proporcionando agua directamente a la base de los árboles y minimizando la pérdida por evaporación. En el caso de los cítricos, que requieren un suministro constante de agua, el riego por microaspersión es más beneficioso, ya que distribuye el agua de manera uniforme y precisa. Para cultivos como la remolacha azucarera, un riego adecuado durante las etapas de germinación y crecimiento de la raíz es fundamental para mejorar el rendimiento y la calidad del azúcar.

El cultivo de algodón, que requiere una cantidad significativa de agua, se beneficia del riego por goteo y por surcos, mientras que el arroz, tradicionalmente cultivado en campos inundados, puede beneficiarse de métodos alternativos como el riego intermitente para reducir el consumo de agua. Los árboles frutales y los cereales tienen diversas necesidades hídricas y se benefician de sistemas como el riego por goteo y la aspersión, respectivamente.

La eficiencia en el riego no solo se trata de la elección del sistema de riego, sino también de la implementación de tecnologías avanzadas y prácticas de manejo. Los sensores de humedad del suelo y los sistemas de riego controlados por satélite son ejemplos de innovaciones que permiten un manejo más preciso del agua. La fertirrigación, donde se aplican fertilizantes solubles en agua a través del sistema de riego, optimiza la absorción de nutrientes y mejora la eficiencia del uso del agua. Además, la división del campo en hidrozonas permite regar cada área según sus necesidades específicas, mejorando la eficiencia en el uso del agua.

U. A. 7. El uso del agua en los cultivos: olivar, cítricos, remolacha, algodón, arroz, frutales, cereales, forrajeras, etc.

La adopción de variedades de cultivos resistentes a la sequía y prácticas de conservación del agua y suelo, como el *mulching* y la agricultura de conservación, son estrategias fundamentales para adaptarse al cambio climático y garantizar la sostenibilidad a largo plazo de los recursos hídricos. Por último, la legislación y las políticas de gestión del agua juegan un papel esencial en promover prácticas de riego eficientes y sostenibles, ofreciendo a menudo incentivos para la adopción de tecnologías y prácticas más sostenibles.

Glosario

Agricultura de conservación

Enfoque de gestión agrícola que busca conservar y mejorar la salud del suelo, el agua y los recursos genéticos, a menudo incluyendo prácticas como la labranza mínima y la rotación de cultivos.

Hidrozona

Área del campo de cultivo que tiene requerimientos hídricos similares y es regada de acuerdo a sus necesidades específicas. Permite un uso más eficiente del agua.

Microaspersión

Método de riego que utiliza aspersores de bajo volumen para distribuir el agua de manera uniforme y precisa. Es especialmente beneficioso para los cítricos y otros cultivos sensibles a la humedad.

Mulching

Técnica de cubrir el suelo con una capa de material orgánico o inorgánico para conservar la humedad, reducir las malas hierbas y mejorar la estructura del suelo.

Sensores de humedad del suelo

Dispositivos que miden la cantidad de humedad presente en el suelo, proporcionando datos esenciales para la programación eficiente del riego.

Sistemas de recolección de aguas pluviales

Sistemas diseñados para captar y almacenar agua de lluvia para su uso en el riego agrícola, proporcionando una fuente de agua alternativa, especialmente en tiempos de escasez.

*U. A. 7. El uso del agua en los cultivos: olivar, cítricos, remolacha, algodón, arroz, frutales,
cereales, forrajeras, etc.*

Variedades resistentes a la sequía

Tipos de cultivos que han sido genéticamente modificados o

seleccionados para tener una mayor tolerancia a períodos de baja disponibilidad de

agua.

Ejercicios de autoevaluación

1. **¿Qué tipo de riego es más recomendable para los olivares?**

   a. Riego por aspersión.

   b. Riego por inundación.

   c. Riego por goteo.

2. **¿Qué método de riego beneficia más a los cítricos?**

   a. Riego por goteo.

   b. Riego por microaspersión.

   c. Riego por inundación.

3. **En la remolacha azucarera, ¿durante qué etapas es crítico el riego adecuado?**

   a. Germinación y crecimiento de la raíz.

   b. Floración y maduración.

   c. Cosecha y postcosecha.

4. **¿Qué sistema de riego es comúnmente usado en el cultivo de algodón?**

   a. Riego por inundación.

   b. Riego por goteo y por surcos.

   c. Riego por aspersión.

5. **¿Cuál es un método alternativo eficiente para el riego del arroz?**

   a. Riego continuo.

   b. Riego intermitente.

   c. Riego por aspersión.

6. ¿Qué tipo de riego es efectivo para los árboles frutales?

    a. Riego por goteo y microaspersión.

    b. Riego por inundación.

    c. Riego por aspersión a gran escala.

7. ¿Cuál es el método de riego más común para los cereales?

    a. Riego por goteo.

    b. Riego por aspersión.

    c. Riego por surcos.

8. ¿Qué práctica de manejo del suelo ayuda a reducir la evaporación del agua?

    a. Labranza profunda.

    b. *Mulching.*

    c. Rotación de cultivos.

9. ¿Qué tecnología proporciona datos en tiempo real sobre la humedad del suelo?

    a. Sensores de humedad del suelo.

    b. Imágenes satelitales.

    c. Modelos de pronóstico climático.

10. ¿Qué técnica combina el riego con la aplicación de fertilizantes?

    a. Hidrozonas.

    b. Fertirrigación.

    c. Agricultura de conservación.

U. A. 8. El uso del agua en las zonas agrícolas: usos distintos al riego en zonas agrícolas

Introducción

En esta unidad, se exploran los diversos usos del agua en las zonas agrícolas más allá del riego, una práctica fundamental para el cultivo de alimentos y otros productos agrícolas. El agua es un recurso esencial en el sector agrario, no solo para el crecimiento de las plantas sino también para una variedad de funciones que son vitales para mantener la salud del ecosistema agrícola y la eficiencia de las operaciones agrícolas.

Se estudiará cómo el agua se utiliza en actividades como la ganadería, la acuicultura, el mantenimiento de la biodiversidad, y en los procesos de producción y postproducción, destacando la importancia de gestionar este recurso de manera sostenible y eficiente.

Objetivos

- Comprender las diversas funciones del agua en zonas agrícolas más allá del riego.
- Aprender a evaluar y aplicar métodos para el uso eficiente del agua en estas actividades, reconociendo la necesidad de preservar este recurso vital para las generaciones futuras y para la salud del ecosistema.
- Formular estrategias que permitan optimizar el uso del agua en las zonas agrícolas para diferentes propósitos, considerando aspectos como la conservación del agua, la reducción de la contaminación y el mejoramiento de la eficiencia en el uso del agua en las prácticas agrícolas.

1. El uso del agua en las zonas agrícolas: usos distintos al riego en zonas agrícolas

El agua en las zonas agrícolas tiene múltiples funciones más allá del riego de cultivos. Estos usos alternativos son esenciales para el mantenimiento de un sistema agrícola sostenible y eficiente.

A continuación, se detallan algunos de los usos más significativos del agua en las zonas agrícolas.

A. Ganadería

En la ganadería el agua tiene las siguientes funciones:

Abastecimiento de agua para el ganado: El agua es vital para el bienestar y la salud del ganado.

Mantenimiento de pastizales: En algunas áreas, el agua se utiliza para mantener pastizales húmedos, lo que es esencial para el pastoreo.

Fig. 1. El agua en ganadería se utiliza para beber, limpiar y en algunos casos, para la producción de alimentos forrajeros

B. Acuicultura

En zonas agrícolas, la acuicultura incluye la cría de peces, crustáceos y plantas acuáticas.

Fig. 2. Estos sistemas requieren una gestión cuidadosa del agua para mantener la salud de los organismos acuáticos

C. Conservación de la biodiversidad

El agua tiene distintas funciones para la conservación de la biodiversidad:

- **Hábitats naturales**: El agua juega un papel fundamental en la creación y mantenimiento de humedales y otros hábitats naturales.
- **Barreras contra incendios**: En algunas áreas, el agua se utiliza para crear barreras naturales contra incendios, protegiendo así los ecosistemas y cultivos.

Fig. 3. La conservación de hábitats naturales es esencial para la biodiversidad local

D. Procesos de producción y posproducción

En los procesos de producción y posproducción el agua tiene las siguientes funciones:

- **Procesamiento de cultivos**: El agua es esencial en el procesamiento de ciertos cultivos, como el lavado y la preparación para el mercado.
- **Enfriamiento y calefacción**: En invernaderos, el agua puede utilizarse para sistemas de calefacción y enfriamiento.

Fig. 4. Los sistemas de enfriamiento y calefacción ayudan a regular el clima para optimizar el crecimiento de los cultivos

E. Energía renovable

En cuanto a las pequeñas instalaciones hidroeléctricas, en algunas granjas, el agua se utiliza para generar energía.

Fig. 5. La generación de energía a través del agua reduce la dependencia de fuentes de energía externas

F. Recreación y turismo

Las zonas agrícolas con cuerpos de agua pueden ofrecer oportunidades para actividades recreativas como la pesca.

En el contexto actual de la agricultura, la innovación y la adaptación son fundamentales para abordar los retos emergentes relacionados con el uso del agua.

Fig. 6. Las actividades recreativas pueden proporcionar ingresos adicionales

Las tecnologías emergentes en la gestión del agua, como los sistemas de riego inteligentes, están revolucionando la forma en que se utiliza el agua en la agricultura.

Estos sistemas avanzados, que incorporan sensores y tecnología IoT, permiten un uso más eficiente del agua, ajustando el riego a las condiciones cambiantes del suelo y el clima en tiempo real. Paralelamente, el reciclaje de aguas grises, el uso de aguas residuales domésticas ligeramente usadas está emergiendo como una práctica sostenible, especialmente para el riego de cultivos no comestibles.

Recuerda

El impacto del cambio climático en el uso del agua es un aspecto crítico en la gestión agrícola moderna. Los cambios en los patrones de precipitación y la creciente frecuencia y severidad de las sequías están alterando la disponibilidad del agua. Esto requiere estrategias adaptativas y una mejor gestión para conservar este recurso vital. La adaptación a estos cambios es crucial para asegurar la sostenibilidad y eficiencia en el uso del agua.

La integración de la agricultura y la silvicultura, conocida como agrosilvicultura, representa otra dimensión importante en el manejo sostenible del agua. Esta práctica combina la agricultura con la silvicultura para mejorar la productividad del agua, la biodiversidad y la sostenibilidad del uso del suelo, creando un sistema agrícola más resiliente y eficiente en el uso del agua.

En el ámbito económico, la economía del agua en la agricultura está adquiriendo una nueva relevancia. La valuación adecuada del agua y la implementación de incentivos para su conservación son aspectos críticos que contribuyen a un uso más eficiente y sostenible del recurso. Estas medidas económicas pueden motivar a los agricultores y a las comunidades a adoptar prácticas más sostenibles y eficientes en el uso del agua.

La participación comunitaria y la gobernanza del agua son igualmente esenciales. El manejo participativo del agua, que implica la inclusión de las comunidades locales en la toma de decisiones sobre el agua, puede mejorar significativamente la gestión y la sostenibilidad de los recursos hídricos.

Finalmente, la educación y la concienciación sobre el uso sostenible del agua en la agricultura son fundamentales. Los programas educativos que fomentan prácticas sostenibles entre agricultores y comunidades son cruciales para asegurar un futuro donde el uso del agua en la agricultura sea sostenible y eficiente. Estos programas ayudan a crear una mayor conciencia sobre la importancia del agua y las estrategias para su conservación y uso eficiente.

Fig. 7. Además, en regiones donde los recursos hídricos son limitados, los acuerdos de compartición de agua entre diferentes usuarios pueden ser clave para una gestión eficiente del agua

Anotación

Estos usos alternativos del agua en las zonas agrícolas destacan la versatilidad de este recurso. La gestión eficiente y sostenible de estos sistemas es fundamental para la salud de los ecosistemas agrícolas y para la conservación del agua como un recurso valioso.

Resumen

Una de las funciones más significativas del agua en la agricultura es su uso en la ganadería. Es esencial para el bienestar y la salud del ganado, no solo para beber sino también para la limpieza y, en algunos casos, para la producción de alimentos forrajeros. Además, el agua es fundamental para mantener los pastizales húmedos, lo que es esencial para el pastoreo efectivo.

En la acuicultura, el agua es utilizada para la cría de peces, crustáceos y plantas acuáticas. Esta práctica requiere una gestión cuidadosa del agua para mantener un ambiente saludable para los organismos acuáticos. Además, el agua juega un papel fundamental en la creación y mantenimiento de humedales y otros hábitats naturales, que son esenciales para la biodiversidad local y la conservación del ecosistema.

El agua también es un componente vital en los procesos de producción y post-producción en la agricultura. Se utiliza en el procesamiento de ciertos cultivos, como el lavado y la preparación para el mercado, y en sistemas de calefacción y enfriamiento en invernaderos, ayudando a regular el clima para optimizar el crecimiento de los cultivos.

Otro uso innovador del agua en las zonas agrícolas es la generación de energía renovable, especialmente a través de pequeñas instalaciones hidroeléctricas, que pueden ayudar a reducir la dependencia de fuentes de energía externas. Asimismo, las zonas agrícolas con cuerpos de agua ofrecen oportunidades para actividades recreativas como la pesca, lo que puede proporcionar ingresos adicionales y promover el turismo.

La gestión eficiente y sostenible del agua en estas áreas es fundamental. La adopción de tecnologías emergentes como los sistemas de riego inteligentes y el reciclaje de aguas grises está ganando importancia. Además, con el impacto del cambio climático, que altera los patrones de lluvia y aumenta la frecuencia y severidad de las sequías, se vuelve aún más crítico desarrollar estrategias adaptativas en la gestión del agua.

La unidad también destaca la importancia de la economía del agua en la agricultura, enfatizando la necesidad de valorar adecuadamente este recurso y ofrecer incentivos para su conservación. La participación comunitaria en la gestión del agua y los acuerdos de compartición de agua en regiones con recursos hídricos limitados son clave para una gestión eficiente. Finalmente, se subraya la relevancia de programas educativos que fomenten prácticas sostenibles entre los agricultores y las comunidades, asegurando así un uso más consciente y sostenible del agua en la agricultura.

Glosario

Acuicultura

Cría y cultivo de especies acuáticas, incluyendo peces, crustáceos y plantas acuáticas, en un ambiente controlado.

Agricultura sostenible

Prácticas agrícolas que son diseñadas para proteger el medio ambiente, expandir la Tierra y conservar los recursos naturales, manteniendo al mismo tiempo la productividad agrícola.

Agrosilvicultura

Integración de árboles y arbustos en sistemas agrícolas para mejorar la productividad del agua, la biodiversidad y la sostenibilidad del uso del suelo.

Cambio climático

Cambios a largo plazo en la temperatura, precipitación, vientos y todos los aspectos del sistema climático de la Tierra, a menudo causados por la actividad humana.

Economía del agua

Rama de la economía que estudia la gestión y la asignación de los recursos hídricos, incluyendo su valoración y distribución.

Eficiencia de los riegos

Medida de cuán efectivamente el agua de riego se usa para el crecimiento de los cultivos, minimizando el desperdicio y maximizando la productividad.

Ganadería

Cría y mantenimiento de animales de granja para la producción de alimentos, fibras, trabajo y otros productos.

Reciclaje de aguas grises

Proceso de recolección y tratamiento de aguas residuales domésticas ligeramente usadas (excluyendo aguas negras) para su reutilización en aplicaciones como riego y limpieza.

Riego inteligente

Uso de tecnologías avanzadas, como sensores y sistemas de IoT, para optimizar el uso del agua en la agricultura, adaptándose a las condiciones del suelo y climáticas en tiempo real.

Sequía

Período prolongado de escasez de agua, causado por la falta de lluvias, que afecta adversamente el crecimiento de los cultivos y la disponibilidad de agua para otros usos agrícolas.

Ejercicios de autoevaluación

1. **¿Qué función cumple el agua en el mantenimiento de los pastizales?**

   a. Irrigación de cultivos.

   b. Prevención de enfermedades en el ganado.

   c. Mantenimiento de pastizales húmedos para el pastoreo.

2. **¿Cuál es un uso principal del agua en la acuicultura?**

   a. Generación de energía.

   b. Crianza de especies acuáticas.

   c. Conservación de suelos.

3. **¿Cómo contribuye el agua a la conservación de la biodiversidad en zonas agrícolas?**

   a. Creación y mantenimiento de hábitats naturales.

   b. Mediante la calefacción de invernaderos.

   c. Producción de cultivos hidropónicos.

4. **¿Para qué se utiliza el agua en los procesos de postproducción de cultivos?**

   a. Preparación y limpieza de los cultivos para el mercado.

   b. Solo para el riego de los cultivos.

   c. Exclusivamente para el enfriamiento de maquinaria.

5. ¿Qué papel juega el agua en los sistemas de calefacción y enfriamiento en invernaderos?

a. Generación de electricidad.

b. Riego automatizado.

c. Regulación del clima.

6. ¿Cuál es un ejemplo de uso del agua en energía renovable en zonas agrícolas?

a. Acuicultura.

b. Pequeñas instalaciones hidroeléctricas.

c. Conservación de suelos.

7. ¿Cómo se utiliza el agua en actividades recreativas en zonas agrícolas?

a. Solo para la pesca deportiva.

b. Exclusivamente en parques acuáticos.

c. Para actividades recreativas como la pesca.

8. ¿Qué práctica se está adoptando para el reciclaje de agua en la agricultura?

a. Reciclaje de aguas grises.

b. Uso exclusivo de agua de lluvia.

c. Desalinización de agua de mar.

9. ¿Cómo afectan los cambios en los patrones de lluvia debido al cambio climático el uso del agua en la agricultura?

a. No tienen ningún impacto significativo.

b. Aumentan la disponibilidad de agua todo el año.

c. Afectan la disponibilidad del agua.

10.¿Qué es la agrosilvicultura?

    a. Uso de agua para generar energía.

    b. Combinación de agricultura y silvicultura.

    c. Técnica de riego avanzada.

U. A. 8. El uso del agua en las zonas agrícolas: usos distintos al riego en zonas agrícolas

U. A. 9. Legislación: ley de aguas, Plan Hidrológico Nacional, Plan Nacional de Regadíos, etc.

Introducción

En esta unidad, se explora la legislación relevante para el uso eficiente del agua en el sector agrario. Comprender las leyes y regulaciones es crucial para gestionar de manera sostenible los recursos hídricos en la agricultura. Se examinará la Ley de Aguas, que establece los principios básicos para la conservación y el uso del agua, así como los Planes Hidrológicos Nacionales y el Plan Nacional de Regadíos, los cuales ofrecen un marco para la gestión y distribución de los recursos hídricos en la agricultura.

Este conocimiento legal no solo es esencial para cumplir con las normativas vigentes, sino también para promover prácticas de riego sostenibles y eficientes.

Objetivos

- Aprender sobre la Ley de Aguas y otros marcos regulatorios relevantes, comprendiendo cómo estas leyes influyen en el manejo del agua en el sector agrario.
- Analizar el Plan Hidrológico Nacional y el Plan Nacional de Regadíos para entender cómo estos planes afectan la asignación y uso del agua en la agricultura.
- Identificar cómo se aplican los conocimientos legales en situaciones prácticas, enfocándonos en cómo la legislación impacta en las decisiones diarias sobre el riego y la gestión del agua en los cultivos.

1. Legislación: ley de aguas, plan hidrológico nacional, plan nacional de regadíos, etc.

La Ley de Aguas es un instrumento legal fundamental que regula el uso y la gestión del agua en un país. Esta legislación establece las directrices para la conservación, distribución y utilización de los recursos hídricos, asegurando su uso sostenible y equitativo.

Fig. 1. La conservación eficiente del agua comienza con la comprensión de su ciclo natural y la interacción dinámica entre el clima, la tierra y los ecosistemas acuáticos

Los puntos clave de la Ley de Aguas suelen incluir:

- **Derechos de agua**: Define quién puede usar el agua, en qué cantidad y para qué propósitos.
- **Conservación y calidad del agua**: Establece normas para mantener la calidad del agua y evitar su contaminación.
- **Uso sostenible**: Promueve prácticas que aseguran el uso eficiente del agua, minimizando el desperdicio y protegiendo los ecosistemas acuáticos.
- **Regulación y sanciones**: Estipula las autoridades encargadas de supervisar el cumplimiento de la ley y las sanciones por incumplimientos o abusos.

A. Plan Hidrológico Nacional

El Plan Hidrológico Nacional es un documento estratégico que define la política de gestión de los recursos hídricos a nivel nacional.

Sus principales componentes suelen ser:

- **Evaluación de recursos hídricos**: Analiza la disponibilidad de agua, incluyendo fuentes superficiales y subterráneas.
- **Planificación y gestión de la demanda**: Establece cómo se distribuirá el agua entre diferentes sectores (como agricultura, industria y uso doméstico) y cómo se gestionará la demanda.
- **Protección del medio ambiente**: Incluye medidas para proteger los ecosistemas acuáticos y la biodiversidad.
- **Adaptación al cambio climático**: Propone estrategias para afrontar los impactos del cambio climático en los recursos hídricos.

B. Plan Nacional de Regadíos

El Plan Nacional de Regadíos se enfoca específicamente en la optimización y modernización de los sistemas de riego en el sector agrícola. Este plan generalmente aborda:

- **Modernización de infraestructuras de riego**: Inversiones en tecnologías de riego eficientes como el riego por goteo o aspersión.
- **Gestión integrada de los recursos hídricos**: Asegura que el uso del agua para riego sea sostenible y esté coordinado con otros usos.
- **Formación y capacitación**: Proporciona formación a los agricultores en técnicas de riego eficiente y gestión del agua.
- **Incentivos y apoyo financiero**: Ofrece apoyo económico para la adopción de tecnologías y prácticas de riego sostenible.

Fig. 2. El balance hídrico en el suelo es clave para determinar las necesidades de riego de los cultivos, maximizando la eficiencia del agua mientras se mantiene la salud y productividad de las plantas

 **Recuerda**

Cada uno de estos componentes legales y planificadores juega un papel vital en asegurar que el agua sea utilizada de manera eficiente y sostenible en el sector agrario.

Comprender y aplicar estos marcos legales y estratégicos es esencial para cualquier profesional involucrado en la gestión del agua en la agricultura.

Algunas actualizaciones y reformas importantes en la legislación de aguas son las siguientes:

- **Incorporación de tecnologías emergentes**: Muchas legislaciones están siendo actualizadas para incorporar el uso de tecnologías emergentes como la teledetección y sistemas de información geográfica (SIG) para una mejor gestión y monitoreo de los recursos hídricos.
- **Enfoque en la reutilización del agua**: Las nuevas políticas y regulaciones están cada vez más enfocadas en la reutilización segura del agua, especialmente en áreas donde la escasez de agua es un problema crítico. Esto incluye el uso de aguas tratadas para riego.
- **Regulaciones sobre aguas subterráneas**: Se están introduciendo regulaciones más estrictas sobre la extracción de aguas subterráneas para prevenir la sobreexplotación y garantizar su uso sostenible.

Por otro lado, algunas tendencias en los Planes Hidrológicos Nacionales son:

- **Enfoque en la Gestión Integrada de Recursos Hídricos (GIRH)**: Los planes están adoptando un enfoque más holístico, considerando la interacción entre el agua, la tierra y los recursos relacionados para lograr un desarrollo sostenible.
- **Participación de los usuarios del agua**: Se está fomentando la participación activa de los usuarios del agua, incluidos los agricultores, en la planificación y gestión de los recursos hídricos.

Por su parte, las innovaciones en el Plan Nacional de Regadíos son:

- **Adopción de prácticas de agricultura de precisión**: Incentivos para la adopción de sistemas de riego inteligentes que utilizan sensores y tecnologías de automatización para optimizar el uso del agua.
- **Fomento de la agricultura sostenible**: Promoción de prácticas agrícolas que minimizan el impacto ambiental y mejoran la eficiencia del agua, como la agricultura de conservación y la permacultura.

Fig. 3. Las tecnologías avanzadas de riego, como el riego por goteo y la irrigación controlada por sensores, no solo ahorran agua, sino que también contribuyen a una agricultura más sostenible y adaptada al cambio climático

Por último, algunas políticas y programas complementarios son:

- **Programas de educación y concienciación**: Desarrollo de programas educativos para informar a los agricultores y al público en general sobre la importancia del uso sostenible del agua y la conservación de los recursos hídricos.
- **Iniciativas de financiamiento verde**: Fomento de inversiones en proyectos de riego sostenible y gestión del agua a través de incentivos financieros y subvenciones.
- **Colaboración internacional**: Participación en iniciativas y tratados internacionales para el manejo sostenible del agua y la lucha contra el cambio climático.

Estos aspectos actuales y concretos reflejan la evolución en la gestión del agua en el sector agrario y destacan la importancia de estar al día con los cambios legislativos y las innovaciones tecnológicas para garantizar un uso eficiente y sostenible del agua en la agricultura.

U. A. 9. Legislación: ley de aguas, Plan Hidrológico Nacional, Plan Nacional de Regadíos, etc.

Resumen

En esta unidad, exploramos la legislación y los planes relacionados con el uso eficiente del agua en el sector agrario, enfocándonos en aspectos clave como la Ley de Aguas, el Plan Hidrológico Nacional y el Plan Nacional de Regadíos.

La Ley de Aguas es fundamental en la regulación del uso y la gestión de los recursos hídricos. Esta legislación establece las bases para la conservación, distribución y utilización de los recursos hídricos, asegurando su uso sostenible y equitativo. Los derechos de agua, la conservación y calidad del agua, el uso sostenible y las regulaciones y sanciones son componentes críticos de esta ley. Es crucial para cualquier profesional en el sector agrario comprender estos aspectos para garantizar el cumplimiento legal y la sostenibilidad en la gestión del agua.

Por otro lado, el Plan Hidrológico Nacional representa la política de gestión de recursos hídricos a nivel nacional. Incluye la evaluación de los recursos hídricos disponibles, la planificación y gestión de la demanda de agua, medidas para la protección del medio ambiente, y estrategias para adaptarse al cambio climático. Este plan es esencial para entender cómo se distribuye el agua entre diferentes sectores y cómo se gestiona la demanda en el contexto agrícola.

El Plan Nacional de Regadíos se centra en la optimización y modernización de los sistemas de riego. Aborda la modernización de infraestructuras de riego, promoviendo tecnologías eficientes como el riego por goteo y la aspersión. Además, incide en la importancia de la gestión integrada de recursos hídricos y en la formación y capacitación de los agricultores en técnicas de riego eficiente y gestión del agua. Este plan es vital para mejorar la eficiencia del uso del agua en la agricultura, lo cual es crucial dada la creciente demanda y la escasez de recursos hídricos.

En términos de tendencias actuales y desarrollos en la legislación del agua, se observa una creciente incorporación de tecnologías emergentes para mejorar la gestión y monitoreo de los recursos hídricos. La reutilización segura del agua y las regulaciones más estrictas sobre la extracción de aguas subterráneas son aspectos cada vez más relevantes. Además, los Planes Hidrológicos Nacionales están adoptando un enfoque más integrado y participativo, incluyendo a los usuarios del agua en la planificación y gestión.

Glosario

Agricultura de precisión

Enfoque agrícola que utiliza tecnologías como sensores, automatización y GPS para optimizar el uso del agua y otros insumos, aumentando la eficiencia y reduciendo el impacto ambiental.

Aguas subterráneas

Reservas de agua ubicadas bajo la superficie de la tierra en acuíferos, sujetas a regulaciones específicas para prevenir su sobreexplotación y garantizar su uso sostenible.

Cambio climático y gestión del agua

Aspecto del manejo de recursos hídricos que implica adaptarse a los efectos del cambio climático, como la variabilidad de las precipitaciones y los patrones climáticos, para asegurar una gestión sostenible del agua.

Conservación del agua

Prácticas y tecnologías enfocadas en reducir el consumo de agua y proteger los recursos hídricos de la contaminación y el agotamiento.

Gestión Integrada de Recursos Hídricos (GIRH)

Enfoque que considera la interacción entre el agua, la tierra y los recursos relacionados para lograr un desarrollo sostenible y equitativo.

Ley de Aguas

Conjunto de normativas que regulan la conservación, distribución y utilización de los recursos hídricos. Establece los derechos de agua, la calidad del agua, y las prácticas para su uso sostenible.

Plan Hidrológico Nacional

Documento estratégico que define la política de gestión de los recursos hídricos a nivel nacional, incluyendo la evaluación de los recursos, la gestión de la demanda, la protección del medio ambiente y la adaptación al cambio climático.

Plan Nacional de Regadíos

Plan específico centrado en la optimización y modernización de los sistemas de riego en el sector agrícola, abordando la modernización de infraestructuras, la gestión integrada de recursos y la formación en técnicas de riego eficiente.

Reutilización del agua

Proceso de usar agua tratada, generalmente de fuentes urbanas o industriales, para fines agrícolas, paisajísticos o industriales, promoviendo la sostenibilidad y eficiencia en el uso del agua.

Tecnologías emergentes en gestión del agua: Innovaciones tecnológicas aplicadas al manejo de recursos hídricos, como la teledetección y los sistemas de información geográfica (SIG), para mejorar la eficiencia y precisión en la gestión del agua.

Ejercicios de autoevaluación

1. ¿Qué establece la Ley de Aguas?

   a. Solo la distribución del agua.

   b. Solo la conservación del agua.

   c. Directrices para la conservación, distribución y utilización de recursos hídricos.

2. ¿Qué incluye el Plan Hidrológico Nacional?

   a. Evaluación de recursos hídricos y gestión de la demanda.

   b. Solo la gestión de recursos marinos.

   c. Planes de urbanización y desarrollo.

3. ¿Cuál es un enfoque clave del Plan Nacional de Regadíos?

   a. Aumentar la producción agrícola.

   b. Modernización de infraestructuras de riego.

   c. Desarrollo de nuevas tierras agrícolas.

4. ¿Qué promueve la Ley de Aguas en relación con la utilización del agua?

   a. Uso indiscriminado.

   b. Uso sostenible.

   c. Uso exclusivo para agricultura.

5. ¿Qué aspecto cubre el Plan Hidrológico Nacional en relación al medio ambiente?

   a. Explotación de recursos naturales.

   b. Urbanización de áreas rurales.

   c. Protección de ecosistemas acuáticos.

6. ¿Cuál es un componente reciente en la legislación de aguas?

    a. Eliminación de regulaciones.

    b. Incorporación de tecnologías emergentes.

    c. Reducción de la participación pública.

7. ¿Qué está siendo más enfocado en las políticas actuales de gestión de agua?

    a. Privatización del agua.

    b. Reutilización segura del agua.

    c. Uso exclusivo del agua para energía hidroeléctrica.

8. ¿Qué se está fomentando en los Planes Hidrológicos Nacionales modernos?

    a. Participación de los usuarios del agua.

    b. Comercialización del agua.

    c. Restricción del acceso al agua.

9. ¿Qué prácticas promueve el Plan Nacional de Regadíos?

    a. Uso de fertilizantes químicos.

    b. Agricultura de precisión.

    c. Expansión de tierras de cultivo.

10.¿Qué cubre la Ley de Aguas en términos de sanciones?

    a. Beneficios fiscales para grandes usuarios.

    b. Regulación y sanciones por incumplimientos.

    c. Incentivos para el uso industrial del agua.

U. A. 10. Ejercicios prácticos

Introducción

Esta unidad está desarrollada para consolidar y aplicar todos los conocimientos teóricos adquiridos en las unidades previas. A través de una serie de ejercicios prácticos, se comprenderán mejor los conceptos clave del curso. Estos ejercicios abarcan desde la planificación de sistemas de riego hasta la gestión de recursos hídricos en diferentes cultivos, siempre con un enfoque en la sostenibilidad y la eficiencia.

Objetivos

- Aplicar de manera efectiva los conocimientos teóricos adquiridos sobre el uso eficiente del agua en el sector agrario.
- Desarrollar habilidades prácticas en la gestión del agua para diferentes cultivos, como olivares, cítricos, remolacha, etc.

1. Ejercicios prácticos

A continuación, vemos ejercicios que promueven el análisis crítico y la aplicación práctica de conceptos relacionados con la gestión eficiente del agua en la agricultura, con el fin de comprender mejor cómo enfrentar los desafíos actuales y futuros en este campo.

A. Ejercicio1. Análisis de un estudio de caso sobre sistemas de riego

Se te proporciona un estudio de caso que describe un sistema de riego implementado en un campo de cítricos. El estudio detalla la topografía del terreno, el tipo de suelo, las condiciones climáticas y el sistema de riego utilizado. Analiza cómo estos factores influyen en la eficiencia del sistema de riego y discute posibles mejoras o alternativas.

A continuación, se exponen las características del sistema de riego en un campo de cítricos.

- **Descripción del terreno y condiciones climáticas:**
  - o **Ubicación**: El campo de cítricos se encuentra en una región de clima mediterráneo.
  - o **Topografía**: El terreno es ligeramente inclinado, con una pendiente que varía entre 2% y 5%.
  - o **Tipo de suelo**: Mayoritariamente franco arenoso con buena capacidad de drenaje.
  - o **Clima**: Predominan veranos cálidos y secos, con inviernos suaves y lluviosos. La precipitación anual promedio es de unos 500 mm.

- **Sistema de riego utilizado**:
  - o **Tipo de sistema**: Riego por aspersión.
  - o **Frecuencia de riego**: Se riega cada tres días durante la temporada de crecimiento activo.
  - o **Recursos hídricos**: El agua proviene de un río cercano, con un sistema de bombeo para su distribución.

Los aspectos que se deben considerar son los siguientes:

- **Influencia de la topografía y el tipo de suelo**:
  o Reflexión sobre cómo la pendiente del terreno afecta la distribución y la eficiencia del agua.
  o Consideración de cómo el tipo de suelo influye en la retención de agua y la necesidad de riego.

- **Efectos del clima en el riego**:
  o Discusión sobre cómo las condiciones climáticas mediterráneas impactan el calendario y la frecuencia de riego.
  o Análisis de cómo la estacionalidad y la variabilidad de las lluvias afectan las necesidades hídricas de los cítricos.

- **Evaluación del sistema de riego por aspersión**:
  o Consideración de la eficacia del riego por aspersión en el contexto específico del campo.
  o Identificación de posibles desafíos, como la evaporación del agua o la distribución desigual.

- **Propuestas de mejoras o alternativas**:
  o Sugerencias para optimizar el sistema de riego existente, como ajustes en la frecuencia o la técnica de riego.
  o Exploración de alternativas más eficientes en el uso del agua, como el riego por goteo o sistemas automatizados.

A continuación, vemos un ejemplo de solución para este ejercicio sobre el análisis de un estudio de caso sobre sistemas de riego.

En cuanto a la influencia de la topografía y el tipo de suelo:

- La pendiente del terreno afecta la distribución y eficiencia del agua. En terrenos inclinados, parte del agua puede fluir cuesta abajo antes de ser absorbida, lo que podría requerir una mayor frecuencia de riego o ajustes en la orientación de los aspersores.

- El suelo franco arenoso, con buena capacidad de drenaje, facilita que el agua llegue a las raíces de los cítricos, pero también puede implicar una mayor necesidad de riego debido a la rápida pérdida de humedad.

Los efectos del clima en el riego son los siguientes:

- Las condiciones mediterráneas, con veranos cálidos y secos, incrementan la demanda de agua. La frecuencia de riego debe adaptarse a estas condiciones para evitar el estrés hídrico de los cultivos.
- La variabilidad de las lluvias requiere un sistema de riego flexible que pueda ajustarse según las precipitaciones recibidas, optimizando el uso del agua.

La evaluación del sistema de riego por aspersión es:

- El riego por aspersión puede ser menos eficiente en áreas con alta evaporación o vientos fuertes. Se debe evaluar si el sistema actual distribuye el agua de manera uniforme y si minimiza las pérdidas por evaporación.
- Podría considerarse la instalación de aspersores de baja presión o la implementación de riego nocturno para reducir la evaporación.

Algunas propuestas de mejoras o alternativas son las siguientes:

- Ajustar la frecuencia y cantidad de riego según las necesidades específicas del cultivo y las condiciones climáticas actuales.
- Considerar la implementación de riego por goteo, que es más eficiente en el uso del agua, especialmente en terrenos inclinados o en climas cálidos y secos.

Ejercicio 2. Evaluación de estrategias de manejo de agua en una sequía

Imagina que una zona agrícola está experimentando una sequía prolongada. Describe las estrategias que podrían adoptar los agricultores para gestionar eficientemente el uso del agua en sus cultivos, teniendo en cuenta tanto la conservación del agua como la salud de los cultivos.

Los aspectos que se deben considerar son los siguientes:

- Técnicas de conservación de agua (como *mulching* o riego por goteo).
- Priorización de cultivos en términos de sus necesidades hídricas.
- Cambios en los patrones de cultivo o en las prácticas de riego.

A continuación, vemos un ejemplo de solución para este ejercicio sobre la evaluación de estrategias de manejo de agua en una sequía.

En cuanto a las técnicas de conservación de agua:

- Implementar el *mulching* para reducir la evaporación del suelo y mantener la humedad.
- Usar sistemas de riego por goteo que dirijan el agua directamente a las raíces, minimizando la pérdida por evaporación y escurrimiento.

Para la priorización de cultivos se debe evaluar y priorizar los cultivos según su rentabilidad y necesidades hídricas y concentrar recursos en aquellos que requieren menos agua o que son más valiosos económicamente.

Para los cambios en los patrones de cultivo se debe:

- Reconsiderar los patrones de siembra, optando por cultivos más resistentes a la sequía.
- Ajustar los calendarios de riego a las horas más frescas del día para reducir la pérdida de agua por evaporación.

Ejercicio 3. Discusión sobre la legislación del agua y su impacto en la agricultura

A partir de lo aprendido sobre la Ley de Aguas y el Plan Nacional de Regadíos, discute cómo estas legislaciones pueden influir en las prácticas de riego y gestión del agua en la agricultura, y qué implicaciones podrían tener para los agricultores.

Los aspectos que se deben considerar son los siguientes:

- Requisitos legales para el uso y la gestión del agua.
- Impacto de la legislación en las decisiones de riego y uso de recursos.
- Desafíos y oportunidades que la legislación puede presentar para los agricultores.

A continuación, vemos un ejemplo de solución para este ejercicio sobre la discusión sobre la legislación del agua y su impacto en la agricultura.

Como requisitos legales para el uso y la gestión del agua los agricultores deben cumplir con los requisitos legales para el uso del agua, lo que puede incluir limitaciones en la cantidad de agua extraída de fuentes naturales y la necesidad de obtener permisos para ciertos tipos de sistemas de riego.

En cuanto al impacto de la legislación en las decisiones de riego y uso de recursos:

- Las leyes pueden influir en la elección de los sistemas de riego, impulsando a los agricultores a adoptar tecnologías más eficientes en el uso del agua.
- Podrían existir incentivos o subsidios para la adopción de prácticas de riego sostenibles.

Los agricultores podrían enfrentar desafíos financieros y técnicos al adaptarse a las nuevas regulaciones. Sin embargo, estas leyes también pueden representar oportunidades para mejorar la eficiencia en el uso del agua y la sostenibilidad a largo plazo de sus prácticas agrícolas.

Ejercicios de autoevaluación

1. **¿Qué impacto tiene la legislación en las decisiones de riego y uso de recursos?**

   a. Aumenta la eficiencia en el uso de recursos.

   b. No tiene impacto en las decisiones de riego y uso de recursos.

   c. Limita la disponibilidad de recursos.

2. **¿Cuáles son algunas estrategias que podrían adoptar los agricultores para gestionar eficientemente el uso del agua en sus cultivos durante una sequía prolongada?**

   a. Aumentar el riego en todos los cultivos para compensar la falta de lluvia.

   b. Instalar sistemas de riego por goteo para reducir el desperdicio de agua.

   c. Dejar de regar por completo para conservar el agua.

3. **¿Cuál es el objetivo de la evaluación del sistema de riego por aspersión?**

   a. Calcular la cantidad de agua utilizada en el riego.

   b. Determinar la eficiencia del sistema de riego.

   c. Evaluar la calidad de los aspersores utilizados.

4. **¿Cuál es el impacto de la Ley de Aguas y el Plan Nacional de Regadíos en la agricultura?**

   a. No tienen ningún impacto en la agricultura.

   b. Pueden disminuir la productividad de los cultivos.

   c. Pueden aumentar la eficiencia en el uso del agua.

5. ¿Cuál es el sistema de riego más utilizado en la agricultura de regadío?

    a. Riego por goteo.

    b. Riego por aspersión.

    c. Riego por inundación.

6. ¿Cuál es el objetivo de analizar cómo influyen los factores del terreno, suelo y clima en la ieficiencia del sistema de riego?

    a. Identificar posibles mejoras o alternativas para el sistema de riego.

    b. Determinar el costo del sistema de riego.

    c. Evaluar la rentabilidad del cultivo de cítricos.

7. ¿Cuál es uno de los efectos a considerar del clima en el riego?

    a. Influencia de la topografía y el tipo de suelo.

    b. Propuestas de mejoras o alternativas.

    c. Evaluación del sistema de riego por aspersión.

8. ¿Qué características son relevantes para el sistema de riego en un campo de cítricos?

    a. La cantidad de lluvia anual.

    b. El tipo de suelo.

    c. La topografía del terreno.

9. ¿Qué implicaciones podrían tener las legislaciones del agua para los agricultores?

    a. Mayor acceso al agua sin restricciones.

    b. No hay implicaciones para los agricultores.

    c. Menor disponibilidad de agua para riego.

10.¿Qué aspectos se deben considerar en relación al riego?

    a. Efectos del clima en el riego.

    b. Influencia de la topografía y el tipo de suelo.

    c. Evaluación del sistema de riego por aspersión.

U. A. 10. Ejercicios prácticos

Aplicaciones prácticas

Aplicación práctica 1. Análisis hídrico

U. A. 2. Uso consultivo del agua por los cultivos

Como experto en gestión de recursos hídricos, se te ha encomendado la tarea de analizar y entender el balance hídrico en una parcela agrícola. Este análisis es fundamental para determinar la eficiencia en el uso del agua y para planificar estrategias de riego adecuadas.

Se espera que elabores una tabla detallada que describa las entradas y salidas de agua en el suelo, explicando cada componente del balance hídrico: precipitación, riego, evapotranspiración, escurrimiento y percolación.

Tu objetivo es proporcionar una visión clara de cómo cada factor contribuye al balance hídrico total y su importancia en la gestión del agua para la agricultura.

Aplicación práctica 2. Tipos de sistemas de riego

U. A. 4. Tecnología y manejo de riegos

Eres un instructor en un curso de agricultura sostenible, enfocado en el uso eficiente del agua. Para reforzar el aprendizaje y fomentar la participación activa de los alumnos, has decidido crear un juego educativo centrado en los diferentes tipos de sistemas de riego y su aplicación en la agricultura.

El juego debe incluir una serie de preguntas y respuestas diseñadas para ayudar a los estudiantes a comprender las características, ventajas y limitaciones de cada sistema de riego, así como a identificar el más adecuado según diferentes escenarios agrícolas.

Aplicación práctica 3. Plan integral sostenible

U. A. 6. Características de los regadíos

Eres un experto en tecnologías de riego y manejo de recursos hídricos contratado por una organización agrícola para mejorar la sostenibilidad y eficiencia de los regadíos. Tu tarea es diseñar un plan integral que promueva prácticas de riego sostenibles y tecnologías avanzadas para optimizar el uso del agua en la agricultura.

Este plan debe considerar los diferentes tipos de regadíos, la selección del método de riego más adecuado según el cultivo y la topografía, la gestión eficiente del agua y la implementación de tecnologías avanzadas.

Aplicación práctica 4. Implementación de un sistema de riego eficiente

U. A. 6. Características de los regadíos

Eres el líder de un proyecto agrícola en una región con escasez de agua. Tu desafío es implementar un sistema de riego eficiente que se ajuste a las necesidades específicas de los cultivos y al terreno, optimizando el uso del agua y minimizando su desperdicio.

Debes integrar tecnologías innovadoras y prácticas sostenibles para mejorar la eficiencia del regadío, considerando tanto el impacto ambiental como la viabilidad económica. Se espera que proporciones soluciones concretas en lo relativo a los siguientes aspectos: selección del método de riego, manejo del agua, calidad del agua, tecnología y automatización, y prácticas de conservación del suelo.

Aplicación práctica 5. Estrategias de riego

U. A. 7. El uso del agua en los cultivos: olivar, cítricos, remolacha, algodón, arroz, frutales, cereales, forrajeras, etc.

Eres un experto en gestión de recursos hídricos y agricultura sostenible. Tu tarea es desarrollar estrategias de riego eficientes y sostenibles para diferentes tipos de cultivos, teniendo en cuenta sus necesidades específicas de agua y las condiciones ambientales.

Debes considerar olivares, cítricos, remolacha, algodón, arroz y frutales. Tu objetivo es maximizar la eficiencia en el uso del agua, asegurando al mismo tiempo la salud y productividad de los cultivos.

Aplicaciones prácticas

Ejercicio de evaluación final

1. ¿Cuál es un desafío importante de la desalinización?

    a. Facilidad de implementación.

    b. Coste e impacto ambiental.

    c. Eficiencia energética.

2. ¿Qué porcentaje del agua dulce de la Tierra se encuentra en acuíferos subterráneos?

    a. Menos del 10%.

    b. Más del 68%.

    c. Alrededor del 30%.

3. ¿Qué herramienta se utiliza para evaluar la cantidad de agua disponible en el suelo?

    a. Modelos de simulación de cultivos.

    b. Tensiómetros o sensores de humedad del suelo.

    c. Estaciones meteorológicas.

4. ¿Qué importancia tiene mantener un balance hídrico adecuado en el suelo?

    a. Optimizar el uso del agua.

    b. Incrementar la cantidad de precipitaciones.

    c. Reducir la necesidad de riego en los cultivos.

5. ¿Qué característica de los cultivos es importante considerar en relación con la calidad del agua de riego?

a. Color de las hojas.

b. Altura de la planta.

c. Tolerancia de los cultivos a la calidad del agua.

6. ¿Qué sucede cuando los sistemas de riego son ineficientes?

a. Aumenta la resistencia a enfermedades en las plantas.

b. Aumenta la salinidad y la acumulación de contaminantes en el suelo.

c. Disminuye el tiempo de riego necesario.

7. ¿Cuál es una de las principales funciones de realizar análisis periódicos del agua de riego?

a. Evaluar la eficiencia de los trabajadores.

b. Identificar posibles problemas en la calidad del agua.

c. Determinar el tipo de cultivos a plantar.

8. ¿Cuál es un método de evaluación de sistemas de riego?

a. Mediciones de campo.

b. Uso de fertilizantes.

c. Rotación de cultivos.

9. ¿Qué sistema de riego es adecuado para cultivos perennes en áreas con escasez de agua?

a. Riego por inundación.

b. Riego por aspersión.

c. Riego subterráneo.

10.¿Cuál es un aspecto importante en la planificación y diseño del sistema de riego?

    a. Selección de cultivos.

    b. Disponibilidad y calidad del agua.

    c. Elección de pesticidas.

11.¿Qué se está utilizando para obtener datos detallados sobre el estado de los cultivos y las condiciones del suelo?

    a. Tractores.

    b. Drones y satélites.

    c. Herramientas manuales.

12.¿Cuál es una consecuencia directa del cambio climático en los sistemas de regadío?

    a. Aumento en la producción de cultivos.

    b. Variabilidad del suministro de agua.

    c. Disminución en el uso de fertilizantes.

13.¿Qué debe hacerse para prevenir la contaminación del suelo y el agua durante la quimigación?

    a. Aplicar más cantidad de producto.

    b. Regar durante más tiempo.

    c. Implementar prácticas que minimicen el riesgo de lixiviación o escurrimiento.

14.¿Qué estrategia se utiliza para dividir el campo en zonas con necesidades hídricas similares?

    a. Fertirrigación.

    b. *Mulching*.

    c. Hidrozonas.

15.¿Cuál es un beneficio de usar variedades de cultivos resistentes a la sequía?

 a. Mayor producción de biomasa.

 b. Resistencia a enfermedades.

 c. Rendimiento estable en condiciones de estrés hídrico.

16.¿Qué sistema se utiliza para recolectar y almacenar agua de lluvia en la agricultura?

 a. Sistemas de riego controlados por satélite.

 b. Sensores de humedad del suelo.

 c. Sistemas de recolección de aguas pluviales.

17.¿Qué aspecto relacionado con las aguas subterráneas se está regulando más estrictamente?

 a. Extracción de aguas subterráneas.

 b. Desarrollo de pozos artesianos.

 c. Uso recreativo de acuíferos.

18.¿Qué incluye el Plan Nacional de Regadíos respecto a la formación?

 a. Formación en técnicas de riego eficiente.

 b. Capacitación en marketing agrícola.

 c. Enseñanza de técnicas de cosecha.

19.¿Qué tipo de acuerdos son clave para la gestión eficiente del agua en regiones con recursos hídricos limitados?

 a. Acuerdos de compartición de agua.

 b. Contratos exclusivos de uso de agua.

 c. Acuerdos de exportación de agua.

20.¿Cuál es el objetivo de los programas educativos sobre el uso sostenible del agua en la agricultura?

a. Fomentar prácticas sostenibles entre agricultores y comunidades.

b. Enseñar técnicas avanzadas de irrigación.

c. Informar sobre los peligros del cambio climático.

Ejercicio de evaluación final

Solucionario

U. A. 1. Introducción: conocimientos generales sobre el agua en la naturaleza

1. c	**6.** b
2. b	**7.** c
3. a	**8.** b
4. b	**9.** b
5. c	**10.** a

U. A. 2. Uso consultivo del agua por los cultivos

1. c	**6.** a
2. b	**7.** b
3. c	**8.** b
4. b	**9.** a
5. c	**10.** b

U. A. 3. La calidad del agua para el riego

1. c	**6.** b
2. b	**7.** b
3. b	**8.** a
4. c	**9.** a
5. b	**10.** a

U. A. 4. Tecnología y manejo de riegos

1. b	**6.** a
2. a	**7.** c
3. b	**8.** b
4. c	**9.** b
5. b	**10.** c

U. A. 5. Aporte de fertilizantes y productos químicos vía riego

1. c	**6.** b
2. b	**7.** b
3. a	**8.** a
4. b	**9.** b
5. c	**10.** a

U. A. 6. Características de los regadíos

1. b	**6.** b
2. b	**7.** b
3. c	**8.** c
4. a	**9.** a
5. c	**10.** a

U. A. 7. El uso del agua en los cultivos: olivar, cítricos, remolacha, algodón, arroz, frutales, cereales, forrajeras, etc.

1. c	**6.** a
2. b	**7.** b
3. a	**8.** b
4. b	**9.** a
5. b	**10.** b

U. A. 8. El uso del agua en las zonas agrícolas: usos distintos al riego en zonas agrícolas

1. c	**6.** b
2. b	**7.** c
3. a	**8.** a
4. a	**9.** c
5. c	**10.** b

U. A. 9. Legislación: ley de aguas, Plan Hidrológico Nacional, Plan Nacional de Regadíos, etc.

1. c	**6.** b
2. a	**7.** b
3. b	**8.** a
4. b	**9.** b
5. c	**10.** b

U. A. 10. Ejercicios prácticos

1. a

2. b

3. b

4. c

5. b

6. a

7. c

8. c

9. c

10. b

Bibliografía

Textos electrónicos

Gómez de Barreda, Diego. *Aplicación de herbicidas en fertirrigación. "Ventajas e inconvenientes"* [En línea]. Dirección URL: <https://redivia.gva.es/bitstream/handle/20.500.11939/7963/1997_G%C3%B3mez-de-Barreda_Aplicaci%C3%B3n.pdf?sequence=1&isAllowed=y>

Instituto geológico y minero de España. *Balance del agua en la Naturaleza* [En línea]. Dirección URL: <https://www.igme.es/zonainfantil/MateDivul/guia_didactica/pdf_carteles/cartel2/CARTEL%202_%202-2.pdf>

Sistema de Información Agroclimática para el Regadío. *Balance de agua* [En línea]. Dirección URL: <https://www.mapa.gob.es/es/desarrollo-rural/temas/gestion-sostenible-regadios/Balance%20de%20Agua%20dic2011_tcm30-82953.pdf>

Legislación

Real Decreto Legislativo 1/2001, de 20 de julio, por el que se aprueba el texto refundido de la Ley de Aguas.

Webgrafía

El regadío en España
https://www.mapa.gob.es/es/desarrollo-rural/temas/gestion-sostenible-regadios/regadio-espanya/

Bibliografía

Gestión del agua en cultivos, el futuro de la agricultura de regadío

https://tradecorp.es/gestion-agua-cultivos-futuro-agricultura-regadio/

Interpretación de un análisis de agua para riego

https://www.iagua.es/blogs/miguel-angel-monge-redondo/interpretacion-analisis-agua-riego

La calidad del agua para riego

https://www.sabspa.com/es/la-calidad-del-agua-para-riego/

La importancia del agua en la agricultura

https://agbaragriculture.com/la-importancia-del-agua-en-la-agricultura/

La Ley de Aguas en España y sus modificaciones

https://www.eurofins-environment.es/es/la-ley-de-aguas-en-espana-y-sus-modificaciones-posteriores/

Los sistemas de riego más recomendados, para cada tipo de cultivo

https://citi-sa.com/los-sistemas-de-riego-mas-recomendados-para-cada-tipo-de-cultivo/

Necesidades de riego

http://riegos.ivia.es/necesidades-de-riego

Plan Nacional de Regadíos

https://www.mapa.gob.es/es/desarrollo-rural/temas/gestion-sostenible-regadios/plan-nacional-regadios/texto-completo/

Quimigación. Aplicación de Agroquímicos en el Riego

https://www.intagri.com/articulos/fitosanidad/quimigacion-aplicacion-de-agroquimicos-en-el-riego

Tipos de sistema de riego y sus características

https://www.fundacionaquae.org/wiki/tipos-de-riego/